U0330295

高等院校建筑与环境艺术设计专业系列教材

景观规划设计原理

英浩　主编

中国建筑工业出版社

图书在版编目（CIP）数据

景观规划设计原理/英浩主编. — 北京：中国建
筑工业出版社，2023.11
高等院校建筑与环境艺术设计专业系列教材
ISBN 978-7-112-29262-2

Ⅰ.①景… Ⅱ.①英… Ⅲ.①景观—园林设计—高等
学校—教材 Ⅳ.①TU986.2

中国国家版本馆CIP数据核字（2023）第186327号

责任编辑：胡永旭 唐 旭 吴 绫
文字编辑：陈 畅 李东禧
书籍设计：锋尚设计
责任校对：王 烨

高等院校建筑与环境艺术设计专业系列教材
景观规划设计原理
英浩 主编
*
中国建筑工业出版社出版、发行（北京海淀三里河路9号）
各地新华书店、建筑书店经销
北京锋尚制版有限公司制版
北京中科印刷有限公司印刷
*
开本：880毫米×1230毫米 1/16 印张：14½ 字数：378千字
2024年12月第一版 2024年12月第一次印刷
定价：**39.00**元
ISBN 978-7-112-29262-2
（41898）

目录

1 景观规划设计概述

1.1 景观规划设计的基本概念   1

1.2 景观规划的发展历程   5

1.3 景观规划设计的基础理论   35

1.4 景观设计师的职业范畴与专业素养   46

2 景观规划设计的基础分析

2.1 景观空间的限定   53

2.2 景观的表皮   60

3 景观规划的设计内容

3.1 地形设计   68

3.2 植物设计   80

3.3 水景设计   97

3.4 景观小品设计   109

4 景观规划设计的程序与方法

4.1 设计前期——基础调研与分析阶段   126

4.2 设计中期——方案设计阶段   135

4.3 设计后期——施工图阶段   146

4.4 本章小结   157

5 景观规划案例解析

5.1 庭院景观   158

5.2 居住区景观   166

5.3 道路景观   182

5.4 滨水景观   193

5.5 主题公园景观   210

5.6 城市区域景观   218

后记   227

1 景观规划设计概述

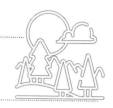

1.1 景观规划设计的基本概念

1.1.1 景观

（1）景观的概念

"景观"一词最早出现在欧洲希伯来文的《圣经》中，用于描述圣城耶路撒冷的总体美景。[1]现代英语中的景观"Landscape"一词则出现自15～17世纪之交，因欧洲一些画家热衷于描绘大自然的美景而作为描述自然景色的绘画术语出现，引自荷兰语"Landskip"，其区别于肖像、海景等，特指陆地的山水与风景、山水风景画等，泛指地表自然景色。而中国自东晋起，山水画——即风景画开始受到艺术家们的青睐，丰富的山水美学理论堪称典型，造就了精妙绝伦的中国山水园林。

约在18世纪，英国园林设计师将绘画作为园林设计的范本，参照或模拟风景绘画中的内容进行园林设计，因此"景观"一词又等同于"园林""造园"。我国古代许慎（东汉）在《说文解字》中解释："景，光也，指日光，亮；观，谛视也，指情景、景象"[2]，因此可将园林景观与造园、园林联系讨论。

19世纪时，"景观"一词被引入地理学科中，与地形、地物同义，主要用于描述地壳的地质和地貌属性。[3]中国辞书对于"景观"的定义也反映了这一点，如《辞海》中将"景观"一词定义为自然地理学的分支，主要研究景观形态、结构、景观中地理过程的相互联系，阐明景观发展规律、人类对它的影响及其经济利用的可能性。[4]19世纪后，不同学科中对景观概念的解释也更加多元化，目前主要集中于地理学、生态学与景观规划设计三个学科中（表1-1-1）。

不同学科领域对于景观概念的解释 表1-1-1

不同学科领域	景观概念解析
艺术学	将景观作为欣赏与再现的对象，认为景观是具有审美价值的景物，认为景观是生活的本源、美的源泉，人们通过视觉、听觉与触觉等多方面感知美的存在，传递美的意义
建筑学	将景观作为建筑物的配景或背景，作为连接建筑内外空间的主要媒介，衔接建筑与自然的最有效载体。重点关注主体建筑与景观相互融合而形成的协调空间
地理学	将景观作为一个科学名词，将其定义为一种地表景象，认为景观含有地球表面气候、土壤、生物地理群落的内涵，是一个地理区域的总体特征
旅游管理	将景观作为旅游资源加以适当开发，通过合理的功能布局，建设相应的旅游基础设施和娱乐设施，满足游客休闲度假的需求，从而产生一定的效益
景观规划设计	将所有的景观组成部分都作为一种环境影响因子（气候、地质地貌、土壤、水文、植被、动物、人类的活动等），着眼点在于这些因子之间的相互作用和平衡，人的活动在其中也只是一个因子

（来源：福州大学地域建筑与环境艺术研究所绘制）

① NAVEH Z, LIEBEMAN A. S. LANDSCAPE ECOLOGY. Theory and application[M]. New York: Springer-Verlag, 1984: 356.

② 许慎. 说文解字注[M]. 上海：上海古籍出版社，1981.

③ 俞孔坚，刘东云. 美国的景观规划专业[J]. 国外城市规划，1999（1）：1-9.

④ 辞海编辑委员会. 辞海（1989年版增补本）[M]. 上海：上海辞书出版社，1995.

（2）景观的内涵

无论是在东方或西方文化中，"景观"一词最早的含义更多是具有视觉美学的意义，与"风景""景致""景色"相似。北京大学的俞孔坚教授将"景观"一词解释为土地及土地上的空间和物体所构成的综合体，是复杂的自然过程和人类活动在大地上的烙印，是多种功能（过程）的载体。[①]正因景观具备多种功能载体的特性，俞孔坚教授认为景观既可看作视觉审美过程的对象，通过艺术的手法表达出来，是人类生活的空间与体验，是兼具结构与功能、内外相互关联的有机生命系统；更是一种记载人类历史、表达希望与理想的环境语言与精神空间的符号。[②]因此，可将景观一词理解与表现为审美风景、体验栖居地、科学生态系统、符号语言及精神空间四个方面（表1-1-2）。

1.1.2 景观规划设计

（1）景观规划设计的概念

景观设计因为含有很多的规划成分，因此称为"景观规划设计"（Landscape Architecture）。景观规划设计目前还没有一个统一的定义，但它包含了规划和设计两个层次的内涵，这也导致了不同学者对这一概念有不同的解释（表1-1-3）。

综上所述，景观规划设计是一门建立在广泛的自然科学和人文艺术科学基础上的应用学科，它与建筑学、城市规划、环境艺术、市政工程设计等学科有着密切的联系，主要包含规划、具体空间设计与管理三个环节，从宏观的大尺度景观到微观的小尺度景观，从风景旅游区到街头的绿地，都涵盖其中。虽然景观规划设计在不同的国家有不同的观点，但其基本的表达是在不同尺度下，采用多学科综合的方法，强调土地设计，即对土地及一切户外空间进行分析、规划、设计、管理、保护和恢复，涉及问题的解决方案和解决途径，并监理设计的实现。

（2）景观规划设计与其他相关学科的关系

景观规划设计学的产生与发展有着浑厚及宽广的历史文化积淀，景观规划设计学以前直译为"景观建筑学"，相当一部分学者认为景观规划设

景观的含义   表1-1-2

理解与表现载体	内涵	不同的表现
审美风景	是视觉审美过程的空间与环境	表达人类对城市的态度，反映人类理想与追求
体验栖居地	是人类生活的空间与环境	表达人类与自然的相互协调，相互作用在大地中产生的结果
		反映人在景中、景观存在于人类的生活之中，人景合二为一
		是一种社会生活的空间，是人与环境的有机整体，具有时间性
科学生态系统	是一个具有结构和功能、具有内在和外在联系的有机系统	景观与外部系统的关系
		景观元素内部的结构和功能的关系
		景观内部各元素之间的生态关系，即生态平衡
		存在于生命与环境之间
		存在于人类与环境间的物质、营养及能量的关系中
符号语言及精神空间	是一种记载人类过去、表达希望与理想、赖以认同和寄托的语言及精神空间	人类是符号的动物、景观是一个符号传播的媒体，它记载着一个地方的历史，包括自然和社会历史
		讲述着土地的归属，也讲述着人与土地，人与人，及人与社会的关系

（来源：福州大学地域建筑与环境艺术研究所根据俞孔坚《景观的含义》整理）

---

① 俞孔坚，李迪华. 景观设计：专业、学科与教育[M]. 北京：中国建筑工业出版社，2003.

② 俞孔坚. 景观的含义[J]. 时代建筑，2002（1）：15-17.

计是建筑学学科的延伸，尤其在早期，建筑与美术是融合在一起的；但另外一些学者和专业人士则持有不同的看法，他们认为景观应该和雕刻、绘画、建筑一样是不同层次的艺术和学科门类。因此，谈到景观规划设计学的产生首先有必要理清它和其他相近专业之间的关系，或者说其他专业所解决的问题和景观规划设计所解决的问题之间的差异（表1-1-4），这样才能阐述清楚景观规划设计专业产生的背景。

相关学者的观点　　　　　　　　　　　　　　　　　　　　　　表1-1-3

相关学者	主要观点
麦克哈格（1969）	多学科综合的，用于资源管理和土地规划利用的有力工具，强调把人与自然世界结合起来考虑规划设计问题
西蒙兹（1969）	景观研究是站在人类生存空间与视觉总体高度的研究，认为改善环境是一个创造的过程，通过这个过程使人与自然和谐地不断演进
美国景观设计师协会	景观规划设计是一种包括自然及建成环境的分析、规划、设计、管理和维护的职业
美观建筑师注册委员会	景观规划设计实践包含4个方面的内容，即宏观环境规划；场地规划、各类环境详细规划；施工图及文本制作；施工协调及运营管理
刘滨谊（2005）	景观规划设计是一门综合性的、面向户外环境建设的学科，其实践范围包括：宏观景观规划设计（土地生态与资源评估规划、大地景观化、特殊性大尺度工程构筑的景观和风景名胜区域旅游区规划）；中观景观规划设计（场地规划、城市设计等）；微观景观规划设计（花园、庭院、古典园林、街头绿地等）
俞孔坚（2003）	关于景观的分析、规划布局、设计、改造、管理、保护和恢复的科学和艺术，既需要科学的支撑，又不可缺少艺术的美感
丁绍刚（2008）	景观或景观规划体系包括：自然与文化资源保护和保存；景观评估和景观规划；场地规划；细部景观设计；城市设计

（来源：福州大学地域建筑与环境艺术研究所绘制）

景观规划设计与其他相关学科关系　　　　　　　　　　　　　表1-1-4

学科			关系及具体内容
建筑学	区别	设计内容	建筑学主要侧重于对人工聚居空间与实体的塑造，重点在于对建筑单体及建筑群的建造
			景观规划设计的对象是城市空间形态，侧重于对空间领域的开发和整治
	联系	相互促进	现代建筑设计理论的发展直接推动了现代景观的发展
		主张相关	对古典历史设计风格的摒弃、崇尚流动空间、从艺术的发展中获取灵感等
建筑/城市规划	区别	基本概念	城市规划是国家对城市发展的具体战略部署，既包括空间发展规划，又包括经济产业的发展战略，是为城市建设和管理提供目标、步骤、策略的科学
			景观规划设计是综合性的科学，主要内容为空间规划设计和管理
		设计内容	城市规划的对象是城市，有总体规划和详细规划两个层次，其中总体规划的对象是整个城市，详细规划的对象是城市内部的区域
			景观规划设计的对象是城市空间形态
	联系	学科相关	在国外，景观控制很早就是城市规划的组成部分。而我国的城市规划体系，直到20世纪90年代以后，才有关于景观方面的条款
		内容相关	城市规划体系分为总体规划和详细规划两个层面，每个层面都涉及景观控制的内容。总体规划中的形象风貌单项规划侧重于对风景、风貌的分析、定位、发展构想和实施措施，详细规划对景观的形成有潜在的控制作用

续表

学科			关系及具体内容
风景园林	区别	学科体系	现代风景园林是以公园绿地为核心架构起来的学科体系
			景观规划设计的核心课题是空间物质形态
		专项研究	风景园林有关绿地、绿化的专项研究深度远远超过了城市景观规划设计
	联系	提供人才	风景园林是城市景观规划设计产生和发展的基础，很多景观设计人员都是从园林师转化过来的
		提供课题	风景园林的不断拓展为景观规划设计提供新的课题
地理学	区别	学科重点	描述和分析发生在地球表面上的自然、生物和人文现象的空间变化，探讨它们之间的相互关系及其重要的区域类型
			景观规划学注重对土地和户外空间的人文艺术和科学理性的分析、规划设计、管理、保护和恢复
	联系	目的相关	为了更好地开发和保护自然资源，协调自然与人类的关系
景观生态学	区别	学科重点	景观生态学由地理学的景观和生物学的生态学两者组合而成，是表示支配一个地域不同单元的自然生物综合体的相互关系分析
			现代景观规划学强调水平生态过程与景观格局之间的相互关系，研究多个生态系统之间的空间格局及相互之间的生态系统，并用"板块—廊道—基质"来分析和改变景观
	联系	提供基础	景观生态学为现代景观规划提供发展基础

（来源：福州大学地域建筑与环境艺术研究所绘制）

（3）景观规划设计的特征

景观规划设计涵盖面大，强调一种精神文化，满足大众文化需求，面向大众群体，强调生态、风景、旅游三位一体，讲求经济性和实用性。对于规划师而言，谈及"景观"则离不开"园林"二字，比较二者的区别（表1-1-5），能直观反映现代景观规划设计的特征，其中以面向大众群体为一种典型的公众化的规划设计。

（4）景观规划设计的分类

景观规划设计有很多种划分的方法，被广泛认可和运用的是以尺度为基本划分依据，通过涉及面积的大小分为从国土尺度到细部尺度的六种划分方法，其具体内容为国土尺度、城市尺度、社区区域尺度、街区广场尺度、庭院空间尺度、景观细部尺度（表1-1-6）。

现代景观规划设计与传统园林的区别 表1-1-5

内容	传统园林	现代景观
服务对象	面向少数皇室贵族	面向公众群体、面向一个区域、城镇与城市
范围	私家宅院的种植花木	整个户外生存环境的规划设计（街头绿地、公园、风景旅游区、自然生态保护区、区域和国土规划设计及宏达的生态规划设计等）
造园要素	山、水、植物、建筑	模拟景观、庇护性景观、高视点景观等
专业哲学	传统二维景观山水、阴阳二元论	三维、四维、五维景观功能、形态、环境三元论
涉及学科	园林、园艺	建筑、城市规划、园林、环境、生态、地理、历史及人文等
新技术运用	堆山、理水	模拟景观、计算机、3S技术
新理念应用	天人合一	可持续发展、区域规划、生态规划等
价值取向	舒适、美观	舒适、美观、生态、环保

（来源：福州大学地域建筑与环境艺术研究所绘制）

景观规划设计的基本划分   表1-1-6

主要内容	范围	关注重点	呈现方式
国土尺度	100～1000公里范围内	区域土地利用规划、经济发展战略布局以及行政区域内的交通运输与基础设施规划	以区域平面图、地图的形式呈现
城市尺度	10～100公里范围内	在城市格局内，对地形、生态、交通、经济与商业等方面进行分析与规划，其成果是城市区域概念规划或详细规划	以平面分析图及模型为表现手法
社区区域尺度	1～10公里范围内	关注城市街道、城市大型居住区、大型公共公园空间或乡村村落。除考虑交通系统、经济状况、土地特征、气候条件外，还应重点对文化特色，包括城市风貌、夜景观照明、城市导视及户外广告系统、水景观系统等与视觉景观效果相关联的项目进行专项设计	以平面图、鸟瞰图、轴测图、剖面图、立面图和较小比例的模型呈现
街区广场尺度	100～1000米范围内	关注城市公共广场、小型街道、住宅小区、村庄聚落、小公园等空间	以平面图为主，但要加入以人的正常视点绘制的局部透视图或轴测图，对局部或细部的做法进行注释和说明
庭院空间尺度	10～100米范围内	关注细部要素的空间组织，为某个特定场所创造独特的空间环境和气氛是此种尺度景观设计的主要目的，设计师在考虑设计因素时要对土地形状、微气候条件、人的活动方式及特点进行较仔细的分析，方案要考虑到地面铺装、墙面质地及色彩、植物种植等各种细节，视觉因素起着十分重要的作用	以平面图表现为主，将剖面图用于表现场地的微地形变化，透视效果图和轴测图是阐释平面方案细部
景观细部尺度	1～10米范围内	关注景观的个体与细部，如铺装细节、材料、色彩、个体植物等，注重表达设计师细致的艺术手法与技术，检验景观整体的优劣在于其施工图细部组合与施工实施过程中的装配是否合理、精密	以综合图纸表现，如平面图、剖面图及节点施工图

（来源：福州大学地域建筑环境艺术研究所绘制）

1.2 景观规划的发展历程

1.2.1 中国园林发展历程

中国古典园林的漫长的演进过程，与以汉民族为主体的封建帝国从开始形成而转化为全盛、成熟直至消亡的时间是相同的。根据中国发展的历史情况，将中国古典园林的全部发展过程划分为六个时期：

（1）中国古典园林的雏形——商周至春秋战国时期（公元前17世纪—公元前256年）

关于中国古典园林兴建的历史文献记载可以追溯到五帝时代[①]，当时的种植已取代了渔猎成为社会主要生产部门。园和圃一般都可被称为进行农林作物栽培的场所，正如许慎在《说文解字》中的解释是："种菜曰圃。"由此可见，中国古典园林的形成是出于生产的目的。[②]

到了殷商时代，先民们出于对神明的敬畏，筑土为"高台"[③]，高台外有水环绕的空间，成为

---

① 五帝时代：属于原始社会新石器时代晚期。

② 丁绍刚. 杂谈都市农业[J]. 风景园林，2013（3）：1.

③ "高台"：这类高台也称为灵台，主要用于举行原始宗教祭祀活动的夯土建筑。

后世园林台榭的雏形，既有祭祀神明的性质，也有游乐的内容，园林开始从原始的生产性质用地逐步演变为祭祀神明性质的游乐场所。[1]

周代，园林开始出现于园圃中，我国最早的较为成熟的造园形式为周文王在今陕西省附近所建方圆35公里的"文王之囿"（图1-2-1），其中包含中国古典园林的基本要素：山、石、水、树，挖池筑台，既喂养百兽鱼鸟，还提供狩猎游乐。换句话说"囿""苑""园"实际上是同一事物的不同称谓，它们都是以动植物为主要观赏游乐内容的休息狩猎场所，由此可见，中国园林的起步离不开园圃、猎园的推动，后者更被以游乐为目的的奴隶主阶层所重视，现在园林界多以囿为中国园林之根[2]。

图1-2-1 文王之囿图
（来源：网络）

（2）中国古典园林的早期——秦汉时期（公元前221年—公元220年）

由于社会生产力的提高，秦汉时期出现了以大规模宫苑为特色的皇家园林，这也使得这一时期成为中国古典园林发展进程中的第一个造园活动高潮时期。这一时期的园林开始向多样化、宏大化和艺术化方向发展，出现了许多中国古典园林史上的杰出作品。

秦汉皇家园林以宏大的规模和气势为特征，其中苑中苑的兴起使园林面积虽宽裕，但不觉空洞与冷清。

秦朝的宫苑以上林苑为代表，它是中国历史上最大的一座园林，据《长安志》引《关中记》："上林苑门十二，中苑三十六。"其中最主要的建筑为阿房宫，杜牧的《阿房宫赋》中介绍其"覆压三百余里"，可见上林苑规模之宏大而壮丽（图1-2-2、图1-2-3）。根据《三辅黄图》和《关中记》的记载，秦朝（含统一之前的秦国）营造的皇家宫苑除了上文的阿房宫外，还包括极庙、章台宫、上林苑、甘泉宫、咸阳宫（始皇建）、菅阳宫（文王建）、棫阳宫（昭王建）、西垂宫（文公建）、平阳封宫（武公建）等。[3]

汉朝宫苑延续秦朝时期恢宏壮丽的特点，如西汉时期进行扩建的上林苑"古谓之囿，汉谓之苑"（图1-2-4）。但这个时期其各类建筑不再追求完全的对称，而是结合景色进行高低错落布局，可谓是苑中有宫、宫中有苑的复杂综合体。

在西汉时期，士族阶层的出现，使封建庄园经济初见端倪，这也就促使了私家园林的产生和发展，最早有史料记载的私家园林是文景时期梁孝王刘武所建的东苑（后人称之为梁园）。尽管两汉时期的私家园林数量众多，但过于追求华丽与尊荣，尚处于私家园林的起步阶段。

在东汉明帝时期，随着佛教、道教的盛行，

---

① 郝鸥，陈伯超，谢占宇. 景观规划设计原理[M]. 武汉：华中科技大学出版社，2013：5.

② 刘娜，舒望. 景观设计初步[M]. 武汉：华中科技大学出版社，2012：15.

③ 赵湘军. 隋唐园林考察[D]. 长沙：湖南师范大学，2005：12.

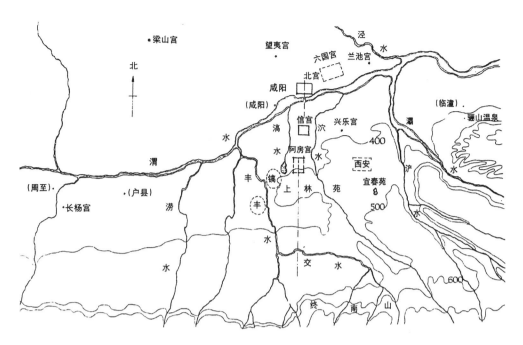

图1-2-2 上林苑范围
（来源：周维权，《中国古典园林史》）

图1-2-3 上林苑画作
（来源：网络）

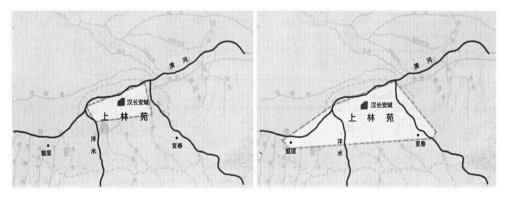

图1-2-4 上林苑扩建前后范围（从左到右为扩建前、扩建后）
（来源：福州大学地域建筑与环境艺术研究所改绘自《汉代上林苑宫苑空间初探》，P11）

在城郊及山野地区大量出现佛寺、道观等宗教建筑，从而促使寺观园林这一新型园林类型的产生与发展，例如洛阳的白马寺以及阳平治道宫等（图1-2-5、图1-2-6）。

（3）中国古典园林发展的转折期——魏晋南北朝时期（公元220年—公元589年）

这个时期的中国古典园林大多摈弃了秦汉时代以宫廷建筑为中心的构园方法，更多渗入了山水文化的内涵，开始关注山水自然，并且在崇尚自然之美的时代美学思潮推动下，园林风格也从再现自然转化为表现自然，逐步取消生产、狩猎方面的内容。[1]该时期皇家园林的代表有邺城的铜爵园（铜雀园）（图1-2-7）、洛阳芳林园（华林园）（图1-2-8）、许昌宫苑、春王园、洪德苑、灵昆苑、平乐苑和天泉池等。

中国古典园林中的私家园林自西汉发端后，

图1-2-5 洛阳的白马寺
（来源：鲁杰，《中国古建筑大观》，P44）

图1-2-6 阳平治道宫
（来源：李星丽，《阳平观的建筑艺术》）

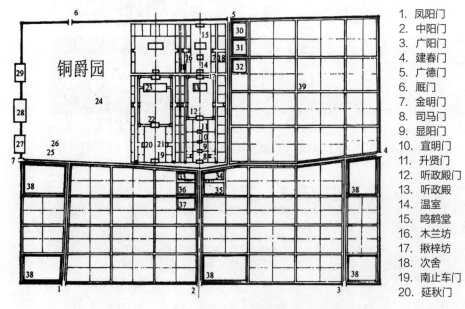

1. 凤阳门	21. 长春门
2. 中阳门	22. 端门
3. 广阳门	23. 文昌殿
4. 建春门	24. 铜爵园
5. 广德门	25. 乘黄厩
6. 厩门	26. 白藏库
7. 金明门	27. 金虎台
8. 司马门	28. 铜爵台
9. 显阳门	29. 冰井台
10. 宜明门	30. 大理寺
11. 升贤门	31. 宫内大社
12. 听政殿门	32. 郎中令府
13. 听政殿	33. 相国府
14. 温室	34. 奉常寺
15. 鸣鹤堂	35. 大农寺
16. 木兰坊	36. 御史大夫府
17. 揪梓坊	37. 少府卿寺
18. 次舍	38. 军营
19. 南止车门	39. 戚里
20. 延秋门	

图1-2-7 曹魏邺城及铜爵园位置图
（来源：傅晶，《魏晋南北朝园林史研究》，P137）

① 周长亮，王洪书，张吉祥. 景观规划设计原理[M]. 北京：机械工业出版社，2011：20.

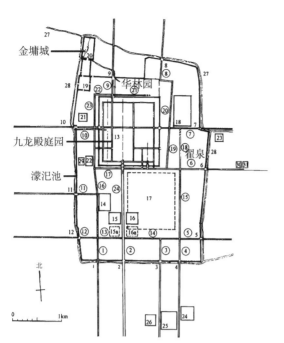

1. 津阳门	17. 东汉南宫址
2. 宜阳门	18. 东宫
3. 平昌门	19. 洛阳小城
4. 开阳门	20. 金墉城（西宫）
5. 青明门	21. 金市
6. 东阳门	22. 武库
7. 建春门	23. 马市
8. 广莫门	24. 东汉辟雍址
9. 大夏门	25. 东汉明堂址
10. 阊阖门	26. 东汉灵台址
11. 西明门	27. 榖水
12. 广阳门	28. 阳渠水
13. 宫城（东汉北宫）	29. 司马昭宅
14. 曹爽宅	30. 刘禅宅
15. 太社	31. 孙皓宅
15a. 西晋新太社	
16. 太庙	
16a. 西晋新太庙	
①~㉔城内干道二十四街	

图1-2-8 曹魏洛阳城及皇家园林分布示意图
（来源：傅晶，《魏晋南北朝园林史研究》，P142）

到魏晋南北朝时期成为主流。据史料记载，这一时期最早营造的私家园林属西晋的石崇金谷园和东晋的顾辟疆园（图1-2-9、图1-2-10）。

魏晋南北朝时期，佛教大行其道，各地兴建佛寺成风，寺观园林得到空前发展，《洛阳伽蓝记·序》中介绍道："至晋永嘉（307—313年），唯有寺四十二所"（图1-2-11），且该时期的佛寺一般为舍宅所建，与私家园林颇为相似。

图1-2-9 仇英的《金谷园》
（来源：网络）

图1-2-10 刘义庆的《世说新语》中有关顾辟疆园的佳话
（来源：网络）

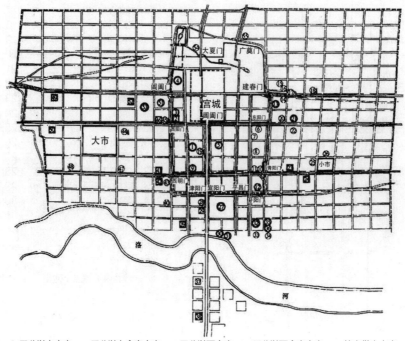

图1-2-11 洛阳佛寺分布示意图
（来源：傅熹年，《中国古代建筑史》第二卷，P159）

寺观园林主要由寺庙建筑与自然景观密切结合，利用园林构景手法，其中佛寺建筑的中心为佛塔，周围环建以传统民居式院落，使环境空间呈现出有序状态。著名的佛寺园林有建康（今江苏南京）同泰寺（今鸡鸣寺）、泉州开元寺、杭州虎丘云岩寺、苏州北塔寺等（图1-2-12～图1-2-15）。

（4）中国古典园林发展的兴盛时期——隋唐时期（公元581年—公元907年）

隋唐时期是中国古代政治、经济与文化高度发达的时期，更是中国古典园林发展的兴盛时期。作为一个园林体系，这一时期的皇家宫苑继秦汉时期后再一次呈现出恢宏的气势，私家园林从美学角度上看则愈发成熟，寺观园林等园林所具有的风格特征已基本形成。

该时期建造了诸多皇家宫苑，在营造技法上有其独具匠心之处，从而开启中国古典园林史上的第一个高峰时期，隋唐时期皇家宫苑园林的营造，始自隋文帝兴建大业城，后经隋炀帝及唐朝诸帝的发展，形成了以长安（今陕西西安）、洛

图1-2-12 鸡鸣寺实景
（来源：网络）

图1-2-13 开元寺实景
（来源：王其钧，《中国园林图解词典》，P219）

图1-2-14 虎丘云岩寺塔
（来源：福州大学地域建筑与环境艺术研究所摄）

图1-2-15 苏州北塔寺
（来源：陈从周，《园林有境》，P158）

阳、江都（今江苏扬州）和骊山等地为中心，遍及华夏大地的庞大宫苑园林体系[①]。

其中最为著名的作品当属东都洛阳的西苑及唐长安城的宫苑，结合《隋上林西苑图》以及唐代长安城平面图（图1-2-16、图1-2-17），从中可以发现隋唐时期的皇家园林的特征：整体格局以山水为主，但水体景观更为突出，它以人工湖池为中心，湖中建山、环湖置院，开创出独特的皇家离宫园林类型，成为清朝颐和园和圆明园等后世园林的发端[②]。

隋唐时期的私家园林根据地理位置可划分为城市私家园林和郊野别业两种类型。城市私家园林主要以长安私家园林、洛阳私家园林与成都私家园林为代表。最为著名的郊野别业包括王维的"辋川别业"（图1-2-18）、"竹里馆"（图1-2-19）、白居易的"庐山草堂"、长安附近的曲江池和李德裕的"平泉庄"等。上文提到隋唐时期的皇家宫苑以水为主体，私家园林则借鉴皇家宫苑，从最初主要关注繁复华丽屋舍的建造，转向浓郁山水田园的营造。同时，该时期已经出现诗画交融的追求，更有诗人和画家直接参与造园活动，注重将园林与诗画相结合，使得私家园林开始注重美学与意境的营造。该时期园林建筑也呈现多样化发展，从简单的室、廊、台、堂发展出许多类型，如在唐代郊野别业中出现了一种新型园林建筑——亭。

① 赵湘军. 隋唐园林考察[D]. 长沙：湖南师范大学，2005：21.

② 赵湘军. 隋唐园林考察[D]. 长沙：湖南师范大学，2005：25.

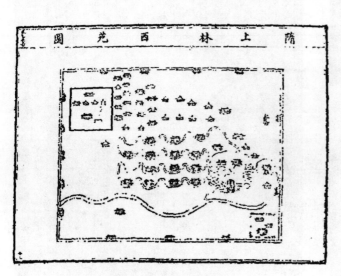

图1-2-16 隋上林西苑图
（来源：王毅，《园林与中国文化》，P112）

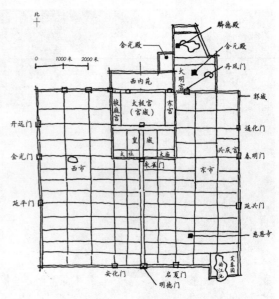

图1-2-17 唐代长安城平面图
（来源：高晓勇，《中国古代建筑史》，P58）

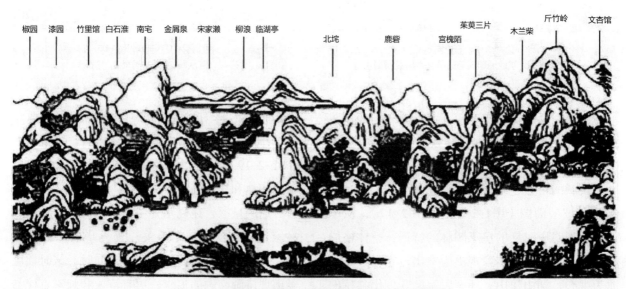

图1-2-18 唐辋川图摹本（佟裕哲摹自《关中胜迹图》）
（来源：骆中钊，杨鑫，《住宅庭院景观设计》，P4）

（5）中国古典园林发展的成熟时期——宋元时期（公元960年—1368年）

中国的封建社会到宋代已经达到了发育成熟的时期，在中国5000多年的文明史中，无论在经济、政治还是文化方面，两宋都占据重要的历史地位。随着文学诗词特别是绘画艺术的发展，尤

其是使用简约笔墨的南宋写意画派的出现，很大程度上影响造园艺术的发展，使得造园手法更趋向精炼，更概括地再现自然之美，因此这个时期也是诗画山水园大发展时期。宋朝园林的代表作当属寿山艮岳（图1-2-20～图1-2-22），它作为开启自然山水格局的皇家园林，可用五个"最"

图1-2-19 竹里馆
（来源：刘娜，《景观设计初步》，P17）

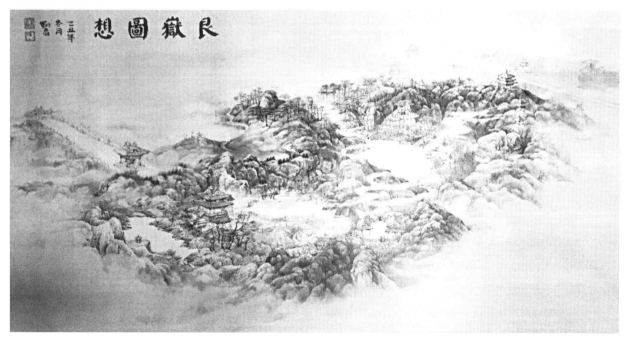

图1-2-20 朱育帆"艮岳图想"
（来源：朱婕妤，《寿山艮岳造园技法在开封古城更新中的运用——以艮岳园及艮岳园林博物馆设计方案为例》）

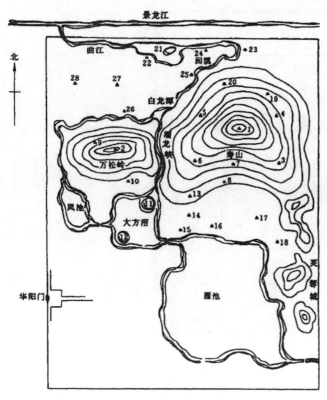

图1-2-21 艮岳设想图之一
（来源：刘娜，《景观设计初步》，P17）

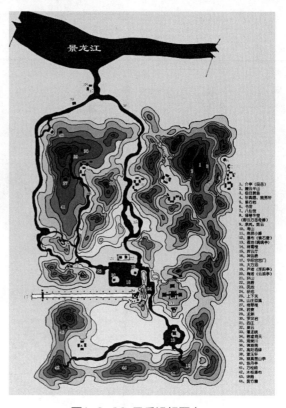

图1-2-22 艮岳设想图之二
（来源：朱婕妤，《寿山艮岳造园技法在开封古城更新中的运用——以艮岳园及艮岳园林博物馆设计方案为例》）

字以形容它的独特：最崇道、最壮观、最仙境、最纯粹、最朴素。[1]宋朝建筑在唐朝的基础上有了提升，并进行理论上的总结，如《营造法式》中对于各式建筑的做法进行详尽的介绍，可谓是最杰出的建筑经典之一。

（6）中国古典园林营建的巅峰与衰落——明清时期（1368年—1911年）

明清两代历时近600年，中国社会较长时期处于相对稳定的局面，园林的发展一方面继承唐宋传统而趋于精致，在造园技术与艺术方面也逐渐发展到十分成熟的境地。且由于这一时期各式各样的建筑理论与技术日渐成熟，建筑山水园林有了较好的发展。

该时期的江南私家园林在中国园林发展史上尤为重要，由于康熙、乾隆两帝多次南巡江南，受江南私家园林建造风格的影响，皇家园林中频繁再现江南名胜的艺术风格，这些风格的皇家园林多集中于西部一带，因而形成著名的"三山五园"[2]（图1-2-23）。明代皇家园林的造园重点在大内御苑，清代皇家园林的造园重点则在离宫御苑，这体现出皇家园林观的变化。而清代皇家园林所取得的主要成就在于：不仅延续了皇家宫廷往日的恢宏，且融合了江南私家园林的风格，还突出了自然生态环境的优美，三者相互融合，这也标志着我国造园艺术的发展达到了历史上的最高峰。

明清时期是江南私家园林在中国封建社会

---

① 朱婕妤. 寿山艮岳造园技法在开封古城更新中的运用——以艮岳园及艮岳园林博物馆设计方案为例[C]//中国城市规划年会. 2015.

② "三山五园"：香山静宜园、玉泉山静明园、万寿山清漪园、畅春园和圆明园，并以圆明园为中心，园林荟萃，犹如"众星拱月"。

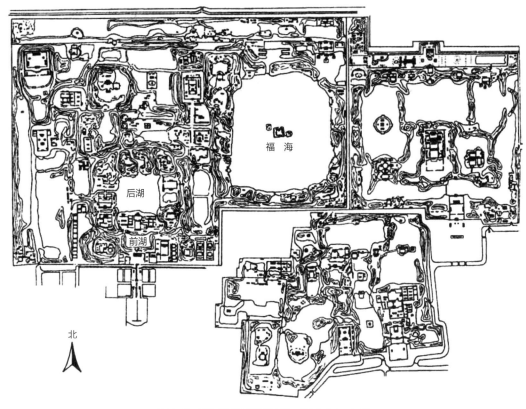

北

图1-2-23 乾隆时期圆明三园分布示意图
（来源：郝鸥，《景观设计史》，P11）

后期园林发展史上的一个高峰。从两宋至明清时期，中国传统园林不再是简单地对大自然进行模仿，而是经历了从"神化"自然到"人化"自然的转变，概括出自然美的内涵，反映出人与自然和谐相处的基本关系（图1-2-24）。

从明代中叶起，中国的造园理论开始进入总结期，产生了许多在中国历史上具有深远影响意义的造园理论专著，如计成的《园冶》、文震亨的《长物志》、李渔的《闲情偶寄》、李斗的《扬州画舫录》、钱咏的《履园丛话》、王寅的《冶梅石谱》、林有麟的《素园石谱》等。

1.2.2 西方园林发展历程

西方园林历经了千年的发展与演变，从最初的农业花园、贵族庭园、宗教场所逐渐形成了种类丰富、样式多彩、功能各异的庞大体系，构成了宝贵的文化和艺术遗产。根据西方发展的历史情况，将西方园林的全部发展过程划分为四个时期：

（1）西方园林的雏形——公元前3000年—公元前500年的古代时期

公元前3000多年，伴随着人类的建筑活动、生活与精神需求而产生了人类最早的造园活动。古代时期最为漫长，约为3500年，埃及和两河流域美索不达米亚地区发展最早，波斯、希腊与罗马则依次在汲取前者的造园思想和技术的基础上迅速发展（表1-2-1）。

1）古埃及园林

古埃及园林的形式与特征受到古埃及自然条件、社会发展状况等的影响，如埃及人发明了几何学，几何形的水池、方形或矩形的园地、行列式栽植的树木都可见埃及人将几何概念用于园林设计的表现，又或是由于季节原因，树木和水体成了古埃及园林中最基本的造园要素（图1-2-25）。

2）古巴比伦园林

从古巴比伦园林的形式与类型上看，受到当

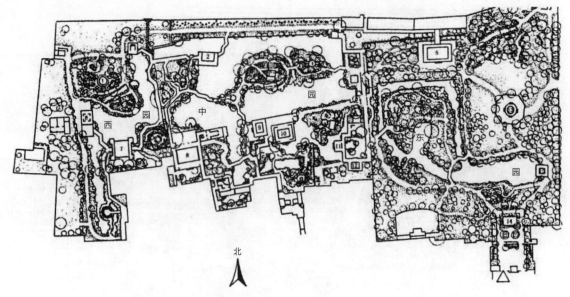

图1-2-24 苏州拙政园景点布置
（来源：郝鸥，《景观设计史》，P12）

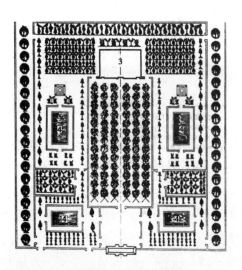

图1-2-25 根据埃及古墓中发掘出的石刻所绘制的埃及宅园平面图
（来源：祝建华，《中外园林史（第2版）》，P13）

地自然条件和宗教思想影响较为深远，如神苑的出现，宫苑和私家宅院常采用屋顶花园的形式、拱券结构成为当时两河流域流行的建筑样式（图1-2-26）。

3）古希腊园林

古希腊的音乐、绘画、雕塑和建筑等艺术达到了很高水平，尤以建筑著称于世，其园林常是作为室外活动空间以及建筑物的延续部分所建造的。园林是建筑物的延续，且由于这一时期哲学、数理学、美学的发展影响着古希腊园林，因此古希腊园林多以秩序、规律、合乎比例为美（图1-2-27）。

西方古代园林分布情况表　　　　　　　　　　表1-2-1

古代时期	主要园林类型
公元前3500年—公元前525年埃及	圣林、神苑、宅园、圣苑、墓园
公元前3000—公元前538年两河流域美索不达米亚地区	猎苑、圣苑、宫苑——"空中花园"
公元前538年—公元前5世纪波斯	波斯伊斯兰式园林
公元前5世纪希腊	神园、宫廷庭园、宅院——柱廊园、公共园林、文人园
公元前200年罗马	庄园、宅园——柱廊园、宫院、公共园林

（来源：祝建华，《中外园林史（第2版）》，P10）

图1-2-26 空中花园
（来源：吕明伟，张国强，《风景园林学》，P145）

图1-2-27 古代希腊雅典卫城山南坡的酒神剧场
（来源：[美]格雷戈里·奥尔特雷特，艾里西亚，奥尔特雷特，
《古希腊罗马留下了什么?》，P187）

4）古罗马园林

古罗马园林最显著的特点是在园林设计中采用建筑设计的方式，即在花园最重要的位置上耸立着主体建筑以构成景观中心点，而建筑的中心轴线同样也作为园林景观的轴线，道路、水景、花草树木均有序地分布，体现出强烈的理性色彩（图1-2-28）；且古罗马造园中十分注重对于植物造型的塑造，常将植物根据园林设计主题需要而修剪成各种几何体、文字、图案与人物形象，这些被统称为绿色雕塑或植物雕塑。

图1-2-28 古罗马广场
（来源：杨共乐，《古罗马史》，P270）

5）古波斯园林

古波斯园林以十字形水系布局为特色，并会在场地周围有规则地种植林荫，栽培大量香花，并设计庭院地毯，以保证庭院四季景常在（图1-2-29）。

（2）西方园林的早期——公元前500年至15世纪中世纪时期

由于中世纪时期欧洲大陆各方势力纷争所导致的社会环境动荡以及宗教势力的扩张与发展，出现以实用性为目的的寺院园林与城堡园林，前期以寺院庭院为主，后期以城堡庭院为主。

1）寺院庭院

寺院庭院的主要部分是建筑围绕形成的中庭，中庭建筑前的柱廊多采用拱券式，它们像栏杆一样将柱廊和中庭分隔开，中庭内部则由十字形或交叉的道路将庭园分成四块，在正中的道路

图1-2-29 波斯波利斯宫遗址
（来源：网络）

图1-2-30 意大利罗马的圣保罗教堂
（来源：[日]针之谷钟吉，《西方造园变迁史》，P132）

图1-2-31 西西里岛的蒙雷阿莱修道院
（来源：王南，黄华青，朱琳，《意大利经典建筑100例》，P701）

中设置喷泉、水池或者水井，四块园地则以草坪为主，点缀部分花卉、果树等，现如今还保存着当年遗迹的著名寺院有意大利罗马的圣保罗教堂（图1-2-30）与西西里岛的蒙雷阿莱修道院（图1-2-31）等。

2）城堡园林

城堡园林中洋溢着世俗享乐的装饰意味，与寺院园林的象征意义相反。早年多建在山顶上的城堡建筑内，在13世纪后，受到东方园林艺术的影响，城堡园林以开敞、适宜的宅邸结构为特色，内设有宽敞的厩舍、仓库、赛场、果园及花园等，庭园扩展到城堡周围，代表性城堡园林有法国的比尤里城堡和蒙塔尔吉斯城堡等（图1-2-32）。

中世纪的伊斯兰园林更具系统性、结构性，通常将场地划分为四个正方形，有着更为精细的边界、路径和方形花坛，在历史上的伊斯兰园林主要由波斯伊斯兰园林、西班牙伊斯兰园林和印度伊斯兰园林这三部分组成。

3）波斯伊斯兰园林

在波斯伊斯兰古典园林中，大面积的林地与水体是其显著的特色，园林类型主要分为王室猎园和天堂乐园两类。在波斯伊斯兰园林的轴线中，通常设有一个开敞的、有立柱的门厅或走廊作为园林构筑物的开端，并常设有一处喷水池。其中，代表性的波斯伊斯兰园林有阿什拉弗的国王花园（图1-2-33）与伊斯法罕的花园（图1-2-34）。

图1-2-32 蒙塔尔吉斯城堡
（来源：网络）

图1-2-33 阿什拉弗的国王花园
（来源：徐艳文，《丹麦罗森堡宫花园》）

4）西班牙伊斯兰园林

西班牙伊斯兰园林又称摩尔式园林，是指在如今西班牙境内由摩尔人创造的伊斯兰风格园林。摩尔人受波普艺术设计、希腊科学数理及先进知识的影响，其园林的基本形式是以喷泉为中心，水、乳、酒、蜜河呈十字交叉，周围是封闭的拱形建筑，从中反映出阿拉伯人对于绿洲、水的崇敬，他们还常利用水体和大量的植被来调节园林建筑的温度。其中最具代表性的庭院是阿尔罕布拉庭园、桃金娘中庭、狮庭和格内拉里弗的花园（图1-2-35～图1-2-37）。

5）印度伊斯兰园林

随着伊斯兰教徒东征，17世纪印度成为莫卧尔帝国所在地，而莫卧尔人则自称是印度规则式园林设计的导入者。莫卧尔人在印度建造的园林类型主要有两种，一是陵园，多建造于国王生前，待国王过世后，面向大众开放，园

中水体多为静态水景，典型代表为泰姬·玛哈尔陵（图1-2-38、图1-2-39）；二是游乐园，这种类型的庭院其水体较多，多为动态水体，如跌水或喷泉，以克什米尔的夏利马庭园为代表（图1-2-40）。

（3）西方园林发展的转折时期——15世纪至17世纪的文艺复兴时期

文艺复兴是14～16世纪欧洲以意大利为中心新兴的资产阶级思想文化运动，造园运动分为意大利文艺复兴初期、中期和后期三个阶段，并以庄园为典型，后扩大至德、法、英、荷等欧洲国家。

1）文艺复兴早期

由于意大利文艺复兴时期的庄园常建于佛罗伦萨郊外的丘陵坡地上，根据地势高低，园地顺山势开辟形成多层级台地，主体建筑多建于最上层台地，在各层级台地中设有贯穿的中轴线，

图1-2-34 伊斯法罕的花园
（来源：穆宏燕，《波斯花园：琐罗亚斯德教与伊斯兰文化元素的融合》）

图1-2-35 桃金娘中庭
（来源：何二洁，《伊斯兰宗教影响下的伊斯兰园林景观特征研究》）

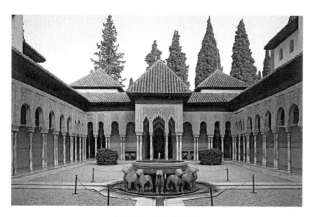

图1-2-36 狮庭
（来源：萧默，《世界建筑艺术》，P288）

图1-2-37 格内拉里弗的花园
（来源：陈宇，张健，《西方园林赏与析》，P85）

图1-2-38 泰姬·玛哈尔陵
（来源：萧默，《世界建筑艺术》，P278）

图1-2-40 克什米尔的夏利马庭园
（来源：陈宇，张健，《西方园林赏与析》，P89）

图1-2-39 泰姬·玛哈尔陵鸟瞰
（来源：萧默，《世界建筑艺术》，P279）

以形成"台地园"特征。其中以卡雷吉奥庄园（图1-2-41）、菲耶索勒美第奇庄园（图1-2-42）等为代表。其建筑与庭院比例良好、尺度适宜，风格简朴，喷泉与水池等水景都常将雕塑作为其序列中心，围绕其分布；绿植则多设计出精美的图案花纹，出现于台地下层。

2）文艺复兴中期

该时期，佛罗伦萨被法国查理八世所侵占，佛罗伦萨文化解体，商业中心从佛罗伦萨转移到了罗马，大量富商和技术专家随之来到罗马营建庄园，罗马地区山庄也进而发展起来。在16世纪

中后期，出现了被誉为巴洛克式的庄园，该庄园最大的特色是富于色彩与装饰变化，其中比较典型的是埃斯特庄园（图1-2-43），该庄园以台地园为特色，且有着严谨的园林布局，内设明确的中轴线，中轴线上设有水池、喷泉、雕像以形成序列中心，景物对称分布于两侧；理水的技巧已十分娴熟，开始关注水景的视觉光影效果以及音响效果，如水风琴、水剧场、秘密喷泉、惊愕喷泉等（图1-2-44）；植物造景艺术性、造型特征明显，如将密植修剪成高低不一且富有韵律感的绿篱、侧幕等（图1-2-45）。

图1-2-41 卡雷吉奥庄园
（来源：李宝勇，古新仁,《人文精神的觉醒，美第奇式园林创作思想剖析》）

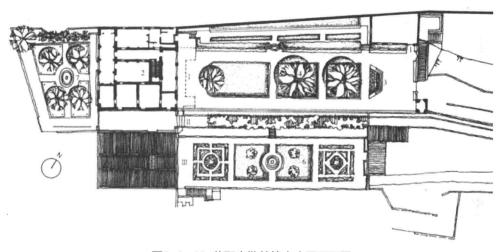

图1-2-42 菲耶索勒美第奇庄园平面图
（来源：网络）

图1-2-43 埃斯特庄园
（来源：陈宇，张健,《西方园林赏与析》，P138）

3）文艺复兴后期

16世纪末至17世纪，欧洲的建筑艺术正式进入巴洛克时期，这也使庄园受到巴洛克浪漫风格的影响之深远，园林艺术出现追求新奇和表现夸张的设计手法，如园中的大门、台阶、景观小品等都被作为视觉焦点而极力装饰，并与建筑形式相呼应，其中建筑小品在该时期得到了更为兴盛的发展。植物修剪也十分注重造型，各式几何图形、绿色雕塑或模纹花坛等日渐丰富（图1-2-46、图1-2-47）。

（4）西方园林发展的兴盛时期——17世纪至18世纪

17世纪下半叶，随着法国综合国力的上升与崛起，其园林文化与艺术也逐步领先于欧洲其他地区。法国古典主义园林的建筑小品与几何式的构图法受到中世纪城堡园林与文艺复兴时期意大利园林的影响，以笛卡尔为代表的数学家奠定了理性主义哲学的基石。作为法国古典主义园林划时代作品和杰出代表的勒·诺特尔，他借鉴了意大利园林艺术，延续整体设计的布局形式但又在其基础上应用更为复杂的设计手法，创造出宏伟的景象。其代表作品包括沃·勒·维贡特府邸花园（图1-2-48）、枫丹白露城堡花园（图1-2-49）、圣洛克花园、丢勒里花园、索园、克拉涅花园等，在这些园林作品中能够体会到法国勒·诺特尔式园林的特征：充分运用艺术原则使设计要素更协调、构图更合理，并充分使园林建筑小品体现出皇权至上的思想，

图1-2-44 埃斯特庄园喷泉
（来源：陈宇，张健，《西方园林赏与析》，P138）

图1-2-45 埃斯特庄园绿幕
（来源：陈志华，《意大利古建筑散记》，P71）

图1-2-46 阿尔多布拉蒂尼别墅入口
（来源：网络）

图1-2-47 阿尔多布拉蒂尼别墅
（来源：网络）

图1-2-48 沃·勒·维贡特花园
（来源：网络）

图1-2-49 枫丹白露宫
（来源：陈宇，张健，《西方园林赏与析》，P181）

图1-2-50 凡尔赛宫
（来源：[英]科林·琼斯，《凡尔赛宫》，P147）

凡尔赛宫苑正是典型的代表（图1-2-50）；园林构图中建筑府邸常建在地形最高处构成园林的视觉中心，花坛、雕像和喷泉等水景则集中布置于中轴线上，以形成全园的主要轴线，而横轴和一些次要轴线则对称分布于中轴两侧，小径和甬道的布置，使整个园林形成主从分明、秩序严谨的几何网格，整个园林呈现出庄重典雅的贵族气势。

（5）西方园林发展的成熟时期——18世纪

18世纪，政治家、哲学家、文学家与艺术家对规则式园林进行反思，提出尊重自然、顺应自然的主张，18世纪中叶，规则式园林逐渐走向尽头，造园家们纷纷付诸行动，以英国为代表的古典园林更多地呈现出以非规则的自然风格引导下多样化的发展趋势，风景式风景园林的出现正是西方园林艺术的一场重大变革。

真正的自然式造园活动开始于布里奇曼，他的设计可谓是自然式与规则式之间的过渡状态的代表。他曾参与著名的斯陀园设计与建造工作，在该设计中他首次在树木种植上采用了非行列式、不对称的种植方式，以"借园"的方式将名为"哈哈"的隐垣作为园林的边界，既限定了园林的范围，又从视觉上扩大了园林的空间（图1-2-51）。

第一次真正意义上摆脱规则式园林的造园家名为威廉·肯特，其追求再现自然，认为"自然是厌恶直线的"，他将直线的隐垣改成曲线，并将植物改造成群落状种植，且在设计中摒弃绿篱、行道树、喷泉等，让山坡和谷地高低有致。其学生斯洛特·布朗随肯特参与了斯陀园的设计，其中充分展现出他作为画家的审美高度。在布朗改造规则式园林所用的手法中可以发现自然式园林的特点：去掉围墙、规则式的台层和绿篱，消除直线和几何形，从而让植物自然生长（图1-2-52）；植物按自然形状种植，种植的花卉注意色彩的搭配；增加缓坡草地让草地与树木自然成长；恢复水景的自然曲折（图1-2-53）。

图1-2-51 斯陀园
（来源：陈宇，张健，《西方园林赏与析》，P245）

图1-2-52 斯托海德园
（来源：陈宇，张健，《西方园林赏与析》，P251）

图1-2-53 斯托海德园水景
（来源：陈宇，张健，《西方园林赏与析》，P252）

1.2.3 中西方现代景观发展历程

（1）中国现代景观的产生与发展

1）中国现代景观规划设计的产生

中国的近代史是在半殖民地半封建的影响下的演变进程中走来的。该时期，中国园林的发展也产生了历时性的变革。纵观近代园林发展史，从中可以发现这一阶段的城市园林包括三种重要的特征：首先是北京皇家园林在1860年、1900年时分别经历了两次大规模的破坏，慈禧重建了颐和园；其次是受时代背景的影响，西方城市规划、建筑与园林的理论和实践与中国国情相结合，因而产生出一批中西合璧的建筑与园林；最后是大批城市公共公园开始出现，这是近代史上最重要的标志特征，如上海出现近代史上的第一个公园，是由外国人设计的"上海外滩公园"，又如北京的天坛公园、北海公园、中山公园（原明清社稷坛故址）与中南海公园等（图1-2-54~图1-2-57）。[①]

近代公园的最大特点是其公众性与平面性，秉持的是"天下为公"的资产阶级民主思想，如1906年在无锡、金匮两县，乡绅俞伸等筹建的"锡金公花园"，是第一个我国自主建造并对国人开放的近代公园，体现出现代公共开放空间的思想萌芽（图1-2-58、图1-2-59）。

2）中国现代景观设计的发展

中华人民共和国成立后，中国园林受到当时苏联城市园林绿地规划模式及苏联城市休闲生活系统的景观建设实践的影响，国家提出"普遍绿化，重点美化"的方针，并在1958年提出"园林大地化"的口号，我国园林事业开始向好发展，因此许多城市都修建了宽阔的林荫道公园（图1-2-60、图1-2-61）。[②]

回顾自1978年改革开放以来我国景观设计发展历程，可将其概括为三个阶段，分别为：1978~1991年、1992~1999年、2000年至今。

---

① 赵燕，李永进. 中外园林简史[M]. 北京：中国水利水电出版社，2012：75.

② 张健. 中外造园史（第2版）[M]. 武汉：华中科技大学出版社，2013：233.

图1-2-54 天坛公园
（来源：李允钚，《中国古典建筑设计原理分析》，P102）

图1-2-55 北海公园
（来源：吕明伟，张国强，《风景园林学》，P206）

图1-2-56 中山公园（原明清社稷坛故址）
（来源：解宇轩，《沙市中山公园与北京中山公园纪念性园林景观比较研究》）

图1-2-57 中南海公园
（来源：罗哲文，《中国古典园林》，P52）

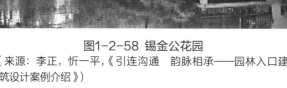

图1-2-58 锡金公花园
（来源：李正，忻一平，《引连沟通 韵脉相承——园林入口建筑设计案例介绍》）

图1-2-59 锡金公花园入口
（来源：江苏省不可移动文物数据库）

1978～1992年，这个时期经历了改革开放，西方设计理念传入中国，使得中国的景观设计发展呈现出"改革中发展、发展中突破"的趋势，如这一时期的公共空间数量与景观质量都大幅度提升，零星出现商业步行街，小游园数量增加等，于1984年建成的北京琉璃厂文化街，是文化特色较强的非步行商业街（图1-2-62）。南京珍珠泉游园是小游园的典型代表（图1-2-63、图1-2-64）。

图1-2-60 北京进香河路
（来源：网络）

图1-2-61 重庆中山四路
（来源：网络）

图1-2-62 北京琉璃厂文化一条街
（来源：于磊，《琉璃厂——北京的名片》）

图1-2-63 南京珍珠泉游园
（来源：网络）

1992～1999年，城市建设呈现全球化态势，出现了许多模仿西方的"洋住宅"，在这样的大环境下，城市景观设计在蓬勃发展的同时也无法避免"西化"的现象，这在很大程度上破坏了当地的特色人文环境，导致空间环境失去地域特色和历史文化底蕴，整体环境空洞乏味。这一问题，在1997年的金融危机后得到了较好的解决。人们开始反思前期的建设热潮，开始理性地对待城市景观建设，可持续发展的观点，空间与所处地理、文化环境融合的观点也开始受到人们的普遍关注（图1-2-65、图1-2-66）。[1]

图1-2-64 南京珍珠泉游园
（来源：网络）

---

① 徐斌，顾勤芳. 浅谈中国当代城市公共空间设计理念的演变[J]. 山西建筑，2008（23）：45-46.

2000年至今，境外设计公司纷纷涌入中国，同时带来的各类设计理念也全面地冲击着中国设计行业。至此，中国市场逐渐形成多元文化共生的大环境。随着中国市场的全面开放，境外设计公司的景观设计开始迈向更为成熟的阶段，这不仅体现在设计理念的多样性，还包括公共空间形态和风格的多元性、功能的复合性等，并且出现了以上海延中绿地为代表的一系列城市景观设计，它们开启了国内外设计公司合作的热潮，标志着"兼容并蓄"的设计时代已经来临了（图1-2-67）。[1]

图1-2-65 南京汉中门广场
（来源：徐岚，《具有地域特色的城市广场——南京汉中门广场分析》）

（2）西方现代景观的产生与发展

1）19世纪西方园林景观

19世纪下半叶，由约翰·拉斯金（John·Ruskin）以及威廉·莫里斯（William·Morris）为首的一批艺术家与社会活动家发起了一场具有国际意义的运动——工艺美术运动，这一运动中心在英国，进而蔓延到其他国家，最初主要是关注工艺产品设计，提倡产品的简洁、自然、朴实，注重形式与功能的统一，反对工业化对传统手工工艺的威胁，后来逐步在建筑造型、室内装饰、园林艺术等领域被推崇。但他们本人对园林设计的影响却是十分有限的，对工艺美术运动的园林艺术风格真正起到影响作用的是艺术家、作家、植物学家鲁滨逊（William Robinson）、英国造园家格特鲁德·杰基尔（Gertrude Jekyll）、西班牙建筑师安东尼·高迪（Antoni Gaudi）、德国建筑师希尔曼·穆特修斯（Hermann Muthesius）和彼得·贝伦斯（Peter Behrens），另外，长期与杰基尔合作的建筑师埃德温·路特恩斯（Edwin Lutyens）也功不可没[2]（图1-2-68～图1-2-71）。

园林艺术受到新思想的影响，开辟了以规则式为结构，以自然植物为内容的设计时代，是向现代设计转型时期的表现。这一时期的园林设计

图1-2-66 广州陈家祠广场
（来源：网络）

图1-2-67 上海延中绿地
（来源：徐双双，《以延中绿地为例浅析中西方园林的差异》）

---

① 矫克华. 现代景观设计艺术[M]. 成都：西南交通大学出版社，2012：14.

② 刘海鸥. 西方现代庭园的初步研究[D]. 南京：南京林业大学，2004.

图1-2-68 杰基尔设计的Munstead wood花园
（来源：网络）

图1-2-69 路特恩斯设计的Folly Farm花园
（来源：网络）

图1-2-70 路特恩斯设计的印度新德里莫卧儿花园
（来源：洪琳燕.《印度传统伊斯兰造园艺术赏析及启示》）

图1-2-71 莫卧儿花园圆形水池
（来源：闻晓菁，《景观设计史图说》，P178）

主张设计与功能结合，从大自然中获取设计思路，用规则的道路进行区域划分，并用植物软化规则的线条（图1-2-72）。

工艺美术运动为人们创作与欣赏提供了新的思路，在其影响下，发展出一场规模更大、影响更为广泛的艺术运动——新艺术运动。新艺术运动没有一个特定统一的风格，主要表现为追求自然曲线、几何直线形式。新艺术运动虽未在园林设计史上成为主流风格，但许多经典作品能够代表这个转型期的特点，追求自然曲线风格的高迪设计的古埃尔公园（图1-2-73～图1-2-76），追

图1-2-72 格特鲁德·杰基尔设计的竖线条、植物与水平线条植物搭配
（来源：王羡仙，《格特鲁德·杰基尔的植物景观设计研究》）

图1-2-73 古埃尔公园
（来源：网络）

图1-2-74 古埃尔公园局部
（来源：网络）

图1-2-75 安东尼·高迪设计的古埃尔公园
（来源：网络）

图1-2-76 古埃尔公园内局部装饰
（来源：网络）

求直线几何形风格的贝伦斯所设计的花园和莱乌格设计的苟奈尔花园。

但值得一提的是，工艺美术运动与新艺术运动虽颠覆了古典主义的传统，但该时期创作出的作品并不是严格意义上的"现代"的，称其为现代主义之前有益的探索和准备更为贴切。

2）19世纪下半叶至20世纪中期的西方园林景观

1925年，在巴黎举办了"国际现代工艺美术展"，此次展会主要分为五个部分，其中园林艺术作品分布于塞纳河两岸，作品风格和类型可谓是异彩纷呈，其中极具代表性的作品包括古埃瑞克安设计的"光与水的花园"（图1-2-77）、雷格莱恩设计的泰夏德住宅花园（图1-2-78）等，前者将新物质与新技术大胆地运用在园林设计中，后者注重功能与空间的紧密结合，并将立体派现代艺术形式语言运用于园林设计中，采用了当时一种新的动态均衡构图方式。该美术展开启了现代景观设计新篇章，展览的作品被收录在《1925年的园林》一书中，后出现了大量介绍这次展览前后时期法国现代景观设计的出版物，如美国景观设计师斯蒂尔在1925年参观展览后，发表一系列文章介绍这些园林作品，他也成为美国第一位深入分析法国前卫花园的人，同时也影响了诸多新生代景观设计师。在那一时期，法国园林成为"现代园林"的代名词，年轻设计师争相学习法国人的设计手法，进而形成了一股强大的反传统力量，促使景观设计学走向现代主义。

图1-2-77 古埃瑞克安设计的"光与水的花园"
（来源：陈宇，张健，《西方园林赏与析》，P278）

图1-2-78 泰夏德住宅花园绿廊
（来源：郝鸥，《景观设计史》，P241）

在现代景观设计形成和发展的过程中，欧洲和美洲各国相互交流，在这一过程中，西方一些发达国家的杰出设计师做出了卓越的贡献，形成了现代景观设计的思想和一些具有代表性的作品。19世纪中叶，由"美国风景园林之父"弗雷德里克·奥姆斯特德（Frederick Law Olmsted）与沃克（Calvert Vaux）合作完成的纽约中央公园，开创了园林建设的新理念，它的建设得到了社会的瞩目与赞扬，从而影响世界各国，并推动了城市公园的发展（图1-2-79、图1-2-80），托马斯·丘奇作为20世纪美国现代景观设计的奠基人之一，其著名的作品唐纳花园，结合超现实主义形式语言，通过曲线和直线的组合实现平面功能的布局，并推动新材料与新技术在园林设计中的应用。由德国建筑师和结构工程师弗雷·奥托（Frei Otto）设计的慕尼黑奥林匹克公园是绿色自然的风景式园林，结合原有地形创造景观，并在其中设置各种公共活动功能以满足市民的活动需要。由于德国的现代景观是在战后的城市恢复和重建中逐渐振兴的，因此多针对原有废弃场地进行改造提升以使场地焕发新生（图1-2-81）。由英国现代景观设计师杰弗里·杰里科（Sir Geoffrey Allan Jellicoe）设计的舒特住宅花园，在保留英国传统贵族气质的同时，以尊重自然、强调环境生态美为主，较好地展示出了景观的功能性（图1-2-82）。

图1-2-79 纽约中央公园鸟瞰
（来源：闻晓菁，《景观设计史图说》，P183）

图1-2-80 纽约中央公园内部
（来源：闻晓菁，《景观设计史图说》，P183）

图1-2-81 慕尼黑奥林匹克公园
（来源：网络）

图1-2-82 舒特住宅花园
（来源：陈宇，张健，《西方园林赏与析》，P283）

图1-2-83 富兰克林纪念馆
（来源：刘育东，《建筑的涵意》）

图1-2-84 富兰克林纪念馆局部
（来源：网络）

3）20世纪70年代后的西方园林景观

20世纪70年代后，由于设计思想与手法日趋成熟，现代景观以现代主义为主流的同时，受一些文化领域的新思潮影响，呈现出多种流派的多元化格局，如后现代主义、解构主义、极简主义等，丰富了现代景观规划设计的形式与内容。

后现代主义景观设计与现代主义景观设计相比，不再止步于形式追随功能，而呈现出一种多样化的设计，其中包括许多复杂因素的集合，如新地方风格、建筑与城市背景相协调、因地制宜、受东方园林影响有隐喻和玄学的思想等。如由"后现代主义建筑之父"罗伯特·文丘里（Robert Venturi）设计的富兰克林纪念馆，采用

隐喻的象征手法，唤起参观者的崇敬与纪念之情（图1-2-83、图1-2-84）；玛莎·施瓦茨（Martha Schwartz）则面向普通大众，使用普通低廉的材料进行景观设计，并提出景观设计不仅可视，且可注重历史文脉和地方特色的特点，以传递更为深刻的思想（图1-2-85、图1-2-86）。

1967年前后，法国后结构主义哲学家雅克·德里达（Jacques Derrida）提出解构主义，它主张打破原有的单元化秩序，例如反对建筑设计中的统一与和谐，反对形式、功能、结构、经济彼此之间的有机联系，提倡建筑设计中可以不考虑基地周围的环境或历史文脉，主张使用解构主义的裂解、悬浮、消失、分裂、拆散、移位、

图1-2-85 面包圈花园
（来源：网络）

图1-2-86 纽约亚克博·亚维茨广场
（来源：网络）

斜轴、拼接等手法。建筑理论家伯纳德·屈米（Bernard Tschumi）的看法与德里达非常相似，在拉·维莱特公园（Parc de la Villette）设计中，屈米采用点、线、面三种要素将公园进行分解，各自组成完整的系统，并且又以一种新的方式重组，很好地验证其以更加宽容、自由与多元的方式来建构新建筑构架的主张（图1-2-87、图1-2-88）。

极简主义是在20世纪60年代兴起的一种艺术流派，不同于抽象表象主义，它主张形式的简单纯净和简单重复，就是现实生活的内在韵律。最初的作品主要通过绘画和雕塑的形式表现出来，不久之后，由彼得·沃克（Peter Walker）、玛萨·舒瓦茨（Martha Schwartz）等先锋设计师运用到设计作品中，这些作品都注重追求颜色、形状、物体、材料、排列组合方式上的简化，形成简洁有序的现代景观，如沃克的代表作品泰纳喷泉，利用159块石头排列形成一个直径18米的圆形石阵，而雾状的喷泉则设在石阵中央，既为人们提供了休息和聚会的场所，也给儿童提供了探索的空间，并形成一处视觉焦点（图1-2-89、图1-2-90）。

（3）景观规划设计的未来趋势

当代全球化快速的发展进程，在促使全球共享经济技术进步的同时，也使得人们对于设计的观念出现了转变，人们逐渐从注重美与形式的要求，转向对于自然、精神、文化与人性的关注，并逐渐融合形成一个完整的景观规划设计体系，

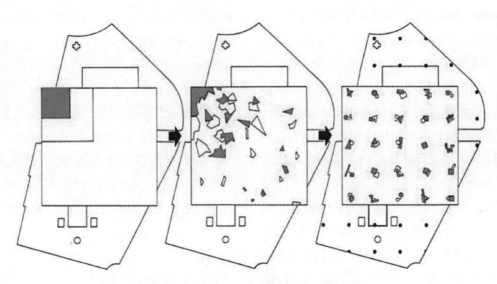

图1-2-87 拉·维莱特公园平面图
（来源：福州大学地域建筑与环境艺术研究所改绘）

图1-2-88 拉·维莱特公园
（来源：网络）

图1-2-89 泰纳温泉
（来源：网络）

图1-2-90 大雪覆盖的泰纳温泉俯视效果
（来源：网络）

图1-2-91 长沙巴溪洲中央公园
（来源：网络）

其中包括生态设计、人性化设计、创新设计，以及对于地域和文脉的尊重等。

1）生态设计

现代生态设计是指一种与自然相互协调、和谐共生的方式，其主要设计思想包括几个方面，首先强调设计尊重自然，结合自然，从形式上表现自然，并积极地将自然风景引入人工环境中；其次任何无机物都要与生态的延续过程相协调，通过合理的景观设计，从最大程度上减少其对环境的破坏影响程度；最后是补偿设计，即在设计中使用科学的手段，遵循自然优先、保护与节约自然资源的原则，有意识地对已遭破坏的生态环境进行修复（图1-2-91、图1-2-92）。

2）人性化设计

人性化设计是站在人性的高度上把握设计方向，在充分考虑景观环境属性的同时，体现为人

图1-2-92 嘉定中央公园
（来源：网络）

所用、以人为本的根本目的。人性化设计可以从两个方面进行考量，首先是物理机能，需要结合活动人群不同的文化背景、年龄、身体特征，进行合理的功能分区、设置相应的配套服务设施，又或是结合特殊人群的特点进行无障碍设计等

图1-2-93 景观中的无障碍设计
（来源：[美]格蕾丝，《景观实录：可持续景观设计》，P49）

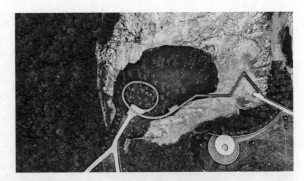

图1-2-94 南京汤山矿坑公园
（来源：网络）

图1-2-95 上海松江辰山矿坑花园
（来源：网络）

（图1-2-93）；其次是心理感知，景观应能起到放松心境的作用，若能营造意境成为感情的升华，为人们提供更高层次的文化精神享受，则意义更为深远。

3）创新设计

创新设计则多利用先进的科学技术，使景观更为形象地展示在大众面前，以丰富景观的美学价值。近些年创新设计则多关注可持续设计的问题，既考虑传统的因地制宜、就地取材，又致力于探索和尝试利用新型材料、施工技术，如2005年，美国风景园林设计师协会（ASLA），伯德约翰逊夫人野花中心（Lady Bird Johnson Wild Flower Center）和美国国家植物园（United States Bo-tanic Garden，USBG）启动了一项名为"可持续场地"的行动计划，目的是试图为将可持续作为目标的风景园林规划提供指南、标准与评级方法。①再如近些年出现的工业废弃地改造项目，利用新材料新技术，挖掘场地条件与潜力，可实现最大程度上利用特殊资源（图1-2-94、图1-2-95）。

4）地域和文脉

景观一般具有两种属性，一是自然属性，有一定的空间形态；二是社会属性，必须与基地及其周围的自然环境和人文环境相协调，并且通过使用一些具有在地性的植被或材料，创造出适宜场地自然条件且能反映地域特色的景观形

---

① 戴代新，齐承雯. 美国可持续风景园林设计案例与启示[J]. 中国城市林业，2015，13（1）：8.

图1-2-96 万科客家文化广场
（来源：网络）

图1-2-97 重庆万州吉祥街景观
（来源：网络）

式，使其兼具游憩观赏、调节环境、引发共鸣等功能，产生所谓的景观效应。尤其在面对千城一面、千村一面趋势的问题上，如何打造一处具有生命性的景观特色，这都与地域、文脉密不可分（图1-2-96、图1-2-97）。

1.3 景观规划设计的基础理论

现代景观规划设计包括视觉景观形象、环境生态绿化、大众行为心理三方面的内容，称为现代景观规划设计三元素，它们共同影响人们对于景观环境的感受。利用视觉为主的感受通道，将景观环境形态进行物化后使人们的行为心理上产生反应，而一处优秀的景观环境为人们带来的体验必定受三元素共同作用的影响。正如刘滨谊[①]认为，任何一个具有时代风格和现代意识的成功之作，都包含着对这三个方面的刻意追求和深思熟虑，所不同的只是视具体规划设计情况，三元素所占的比例侧重不同而已。

在三元素背后都有理论支撑：视觉景观形象的支撑理论是景观美学，环境生态绿化的支撑理论主要为景观生态学，而大众行为心理的支撑理论主要为环境行为心理学。其中，景观生态学是现代景观规划设计最主要的基础理论。

1.3.1 景观生态学

该学科最初是1939年由德国地理学家C.特洛尔提出的，是以整个景观为对象，通过物质流、能量流、信息流与价值流在地球表层的传输和交换，通过生物与非生物要素以及人类之间的相互作用与转化、运用生态系统原理和系统方法研究景观结构和功能、景观动态变化以及相互作用机制，研究景观的美化格局、优化结构、合理利用和保护。[②]

景观生态学的研究对象和内容可概括为景观结构、景观功能、景观动态三个方面（图1-3-1），无论在哪一个生态学组织层次上（如种群、群落、生态系统或景观），结构与功能都是相辅相成的。[③]由于景观生态学是一个交叉学科，不同学者在不同时期提出了不同的原理（表1-3-1）。

① 刘滨谊. 景观规划设计三元论[J]. 广告大观：标识版，2005（1）：3.

② 傅伯杰. 景观生态学原理及应用. 第2版[M]. 北京：科学出版社，2011：5.

③ 邬建国. 景观生态学：格局，过程，尺度与等级[M]. 北京：高等教育出版社，2007：13.

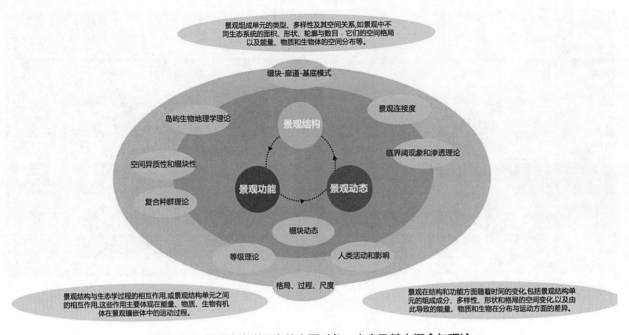

图1-3-1 景观生态学研究的主要对象、内容及基本概念与理论
（来源：福州大学地域建筑与环境艺术研究所改绘自邬建国《景观生态学——格局、过程、尺度与等级》）

不同学者提出的景观生态学一般原理[①]　　　　　　　　　　　　　　　　表1-3-1

相关学者	主要原理					
福尔曼和戈德龙 （Forman & Godron） （1986）	景观结构和功能	生物多样性	养分再分布	能量流	景观变化	景观稳定性
福尔曼（Forman） （1995）	景观和区域		斑块–廊道–基质	大型自然植被斑块		斑块形状
	生态系统间的相互作用		复合种群运动	景观抗性		粒度大小
	景观文化		镶嵌系列	外部结合		必要格局
里塞尔（Risser） （1994）	空间格局与生态过程			空间和时间尺度		
	格局变化		自然资源管理框架		异质性对流和干扰的作用	
里塞尔（Risser） （1987）	异质性和干扰			结构和功能		
	稳定性和变化		养分再分布		等级理论	
法琳（Farine） （1998）	格局和过程的时空变化		系统的等级组织		土地分类（生态单元）	
	干扰过程		土地镶嵌的异质性		景观破碎化	
	生态过渡带		中性模型		景观动态与演进	

（来源：作者根据岳邦瑞《图解景观生态规划设计原理》整理）

---

① 岳邦瑞. 图解景观生态规划设计原理[M]. 北京：中国建筑工业出版社，2017：9.

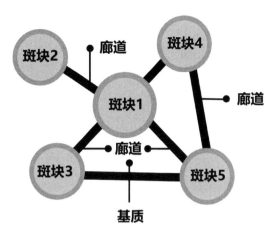

图1-3-2 "斑块-廊道-基质"模式
（来源：岳邦瑞《图解景观生态规划设计原理》）

景观生态学中的许多概念来自于相邻学科，如空间格局、多样性、异质性等均是群落生态学中描绘物种分布时经常使用的概念。

（1）"斑块-廊道-基质"模式

现代景观规划理论注重研究多个生态系统间的空间格局及相互间的生态系统，"斑块-廊道-基质"模式普遍适用于各类景观，是景观生态学用于解释景观结构的基本模式，这种模式提供了一种判断与比对景观结构、分析结构与功能关系可操作的语言。（图1-3-2、表1-3-2）

斑块是在景观的空间比例尺上所能见到的最小异质性单元；廊道是指不同于两侧基质的狭长地带，可视为线状或带状斑块，而连接度、结点及中断等是反映廊道结构特征的重要指标；基质是景观中范围广阔、相对同质且连通性最强的背景地域，它在很大程度上决定着景观的性质，对景观的动态起着主导作用。[1]

"斑块-廊道-基质"模式基本原理分析   表1-3-2

斑块基本原理分析			
		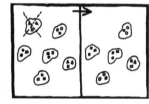	
大小原理	形状原理	数目原理	位置原理
廊道基本原理分析			
	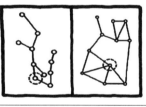	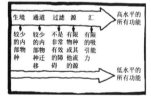	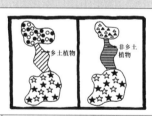
连通性原理	数目原理	宽度原理	构成原理
斑块基本原理分析			
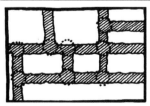	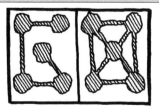		
交汇效应	网络连通性与网络	廊道密度与网眼尺寸	颗粒大小

（来源：福州大学地域建筑与环境艺术研究所根据岳邦瑞《图解景观生态规划设计原理》整理）

---

[1] 傅伯杰. 景观生态学原理及应用（第2版）[M]. 北京：科学出版社，2011：6.

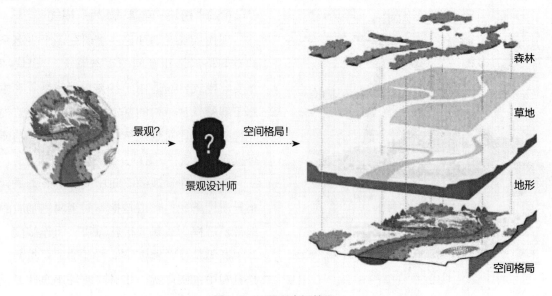

图1-3-3 景观空间格局
（来源：福州大学地域建筑与环境艺术研究所根据岳邦瑞《图解景观生态规划设计原理》整理）

（2）景观结构与格局

景观作为整体成为一个系统，具有一定的结构和功能，而其结构和功能在外界干扰和其本身自然演替的作用下，呈现出动态的特征。

景观生态学中的格局（pattern）是指空间格局，广义地讲，它包括景观组成单元的类型、数目以及空间分布与配置。[1]在景观生态学中，结构与格局是两个既有区别又有联系的概念，比较传统的理解是，景观结构包括景观的空间特征（如景观元素的大小、形状及空间组合等）和非空间特征（如景观元素的类型、面积比率等）两部分内容；而景观格局概念一般是指景观组分的空间分布和组合特征[2]。并且这两个概念均为尺度相关概念，不过，现阶段的许多景观生态学文献往往不再区分景观格局和景观结构之间的概念差异（图1-3-3）。

景观结构分析是景观生态研究的基础。格局、异质性和尺度效应问题是景观结构研究的几个重点领域。

（3）景观异质性

作为景观生态学的重要概念，异质性是指在一个景观中，景观元素类型、组合及属性在空间或时间上的变异程度，是景观区别于其他生命层次的最显著特征。任何景观都是异质的，城市景观（图1-3-4）和森林景观（图1-3-5）是最典型的异质景观。景观异质性应用于景观生态规划中，为生物多样性的保护、城市绿地斑块的建立、风景名胜区的构建等应用提供理论基础。

景观异质性包括时间异质性和空间异质性，而景观生态学则进一步研究空间异质性的维持和发展。地球上多种多样的景观是异质性的结果，异质性是景观元素间产生能量流、物质流的原因。

（4）尺度

尺度（scale）通常指所研究客体或过程的时间维和空间维，是某一现象或过程在空间和时间上所涉及的范围和发生的频率，通常用粒度（grain）和幅度（extent）描述。[3]尺度的存

---

① 邬建国. 景观生态学：格局，过程，尺度与等级[M]. 北京：高等教育出版社，2007：17.

② 傅伯杰. 景观生态学原理及应用（第2版）[M]. 北京：科学出版社，2011：8.

③ 岳邦瑞. 图解景观生态规划设计原理[M]. 北京：中国建筑工业出版社，2017：206.

图1-3-4 城市景观
（来源：通过卫星地图获取）

图1-3-5 森林景观
（来源：通过卫星地图获取）

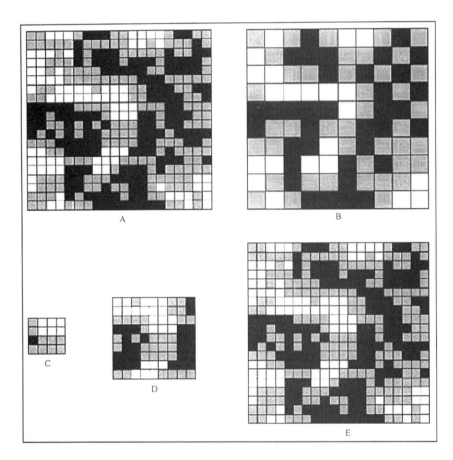

图1-3-6 空间粒度与空间幅度
（来源：邬建邦，《景观生态学——格局、过程、尺度与等级》）

在源于地球表面性质的等级组织和复杂性。尺度本质上是自然界固有的特征或规律，是生物体能感知到的。而且，任何在某个尺度上获得的研究成果，不经过换算都不能推广到另一个尺度。（图1-3-6、图1-3-7）

1.3.2 景观美学

有学者认为景观美学包含景观认知及景观审美两方面内容。景观认知性表征是景观意义传达的重要方法，表达的是明确的意义，属于认知范畴。景观审美性表征是景观意蕴表现的重要方

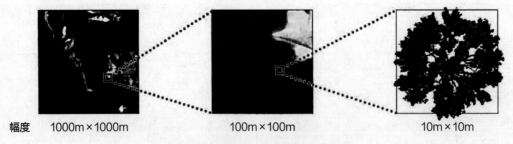

幅度　1000m×1000m　　　　100m×100m　　　　10m×10m

图1-3-7 幅度变化对于观察尺度的影响
（来源：岳邦瑞，《图解景观生态规划设计原理》）

法，表现的是抽象的意蕴，属于审美范畴。优秀的景观作品具有形式美、意境美、意蕴美三种美感形态，具有表层、中层、深层三个层次的审美结构。

（1）形式美

形式美所在的层次，是审美的初级层次，即艺术作品的形式层。形式美主要有两种类型，包括秩序型形式美与变化型形式美。

1）秩序型形式美

秩序型形式美，即人们普遍认识的传统形式美，是指在历史演进过程中，形式所呈现的具有共同性、规律性的、广为接受抽象的美，包括事物的自然属性（如形、声、色）及其间的组织原则（如对称与均衡、比例与尺度、节奏与韵律、变化与统一、对比与调和等，即传统形式美法则），是一种特指的符合人们审美习惯的、内容被固定下来的形式美，秩序是其主要特征（图1-3-8）。[①]

在景观中，传统法国园林是以秩序为特征表现传统形式美的典型，如凡尔赛花园的总体布局体现了勒·诺特式几何规划的极致（图1-3-9），在构图明确完整的基础上，由近而远呈现尺度和形态的变化，既突出了壮阔的中轴远景，也有明显的场景层次递进。园林中共有两条横轴，一条为十字形大运河的横臂，平静广阔的运河在两旁高大整齐的树墙衬托下显得极为壮观；一条紧临宫殿西立面、南临货坛，流入位于低处的橘园和瑞士湖，结束于林木繁茂的山岗。

2）变化型形式美

变化型形式美。变化型形式美是指与传统形式美法则相悖的美感形态，如混乱、无序、怪异等，变化是其主要特征。也有人称之为传统形式美的审美变异。其实二者无论有怎样的差别，也都在形式美这个层次。

中国传统园林以变化为特征，是表现非传统形式美的典型，讲究"步移景异"，时常违背传统形式美法则，但却无可置疑地富含"形式美"。深藏不露、出其不意的景观视线组织能产生柳暗花明的意境（图1-3-10）。

（2）意境美

景观中层审美结构具有自己独立的审美功能，就是生成意境美，意境是指由各种独立意象形成的一个共同境界指向的意象系统，经过人的想象、统觉、情感的重构而生成的虚幻境界，既有景物的客观特征，又有主体加工润色的情态特点。[②]越战纪念广场通过黑色倒V形碑体，以及在黑色大理石墙上镌刻阵亡者的名字，营造出绵延而哀伤的气氛，并提醒世人铭记战争的代价（图1-3-11）；唐山地震遗址纪念公园以原唐山机车以纪念大道为横轴，车辆厂铁轨为纵轴，以及一个个主题雕塑展现唐山人民在灾难面前风雨同舟、患难与共的生动场面，激发人们珍爱生命、奋发向上的豪迈情怀（图1-3-12）。

① 刘晓光. 景观美学[M]. 北京：中国林业出版社，2012：99.

② 刘晓光. 景观美学[M]. 北京：中国林业出版社，2012：114.

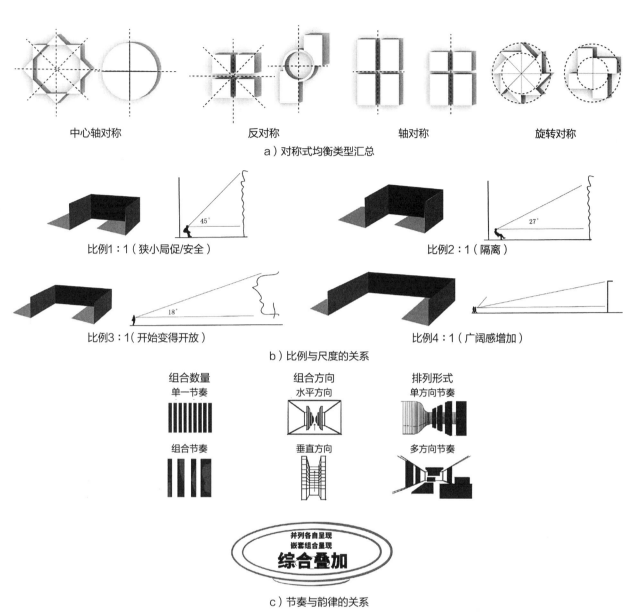

中心轴对称　　　　　　反对称　　　　　　轴对称　　　　　　旋转对称

a）对称式均衡类型汇总

比例1:1（狭小局促/安全）　　　　　　比例2:1（隔离）

比例3:1（开始变得开放）　　　　　　比例4:1（广阔感增加）

b）比例与尺度的关系

组合数量　　　　组合方向　　　　排列形式
单一节奏　　　　水平方向　　　　单方向节奏

组合节奏　　　　垂直方向　　　　多方向节奏

并列各自呈现
嵌套组合呈现
综合叠加

c）节奏与韵律的关系

图1-3-8 秩序型美学的组织原则
（来源：刘晓光，《景观美学》）

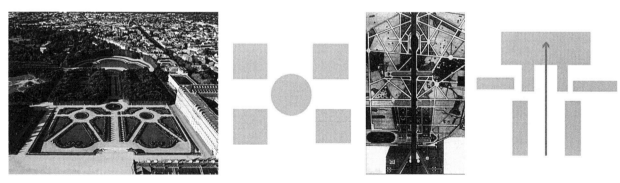

图1-3-9 凡尔赛花园
（来源：福州大学地域建筑与环境艺术研究所绘制）

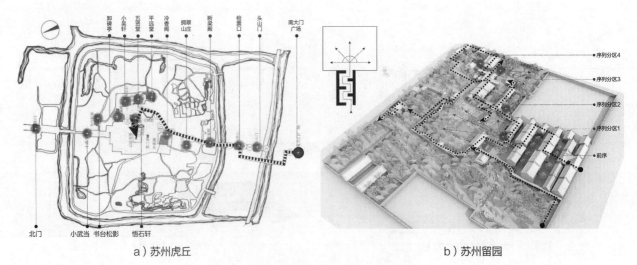

a）苏州虎丘

b）苏州留园

图1-3-10 中国传统园林的"形式美"
（来源：福州大学地域建筑与环境艺术研究所绘制）

图1-3-11 越战纪念广场
（来源：网络）

图1-3-12 唐山地震遗址纪念公园
（来源：网络）

（3）意蕴美

人们在欣赏景观时，常常希望能够在景观的表层形式背后，感悟到更深的精神内涵。优秀的景观作品就能够超越平凡的作品，在形式美感之外，以深邃的内在结构给人以丰富、深刻的情感激唤，所以说这些景观具有深刻的内涵与丰富的意蕴，给人以意蕴美的审美感受，如在龙安寺石庭中，人们体验到的是神圣、安详、深沉与平和，得到心灵的洗涤与平复（图1-3-13）；在拙政园、留园等中国经典园林中体会到天人和谐、四时运迈，生发对宇宙、时空、人生的种种思绪（图1-3-14）。

在审美过程中，主体在感知景观意蕴的同时，自身的内涵便成为可供直观体验的对象，心灵深处的生命感、宇宙感、历史感等皆得以象征性的表现，因而获得审美的愉悦——意蕴美，这才是艺术欣赏的目的，是欣赏活动的本质内容。因此，所谓审美，就是主体心灵的象征性表现。所谓艺术作品的意蕴美，也就是主体在满足了象征性表现后所得到的审美愉悦。

1.3.3 环境行为心理学

环境行为心理学作为心理学的一部分在20世纪60年代兴起，它把人类的行为（包括经验、行动）与其相应的环境（包括物质的、社会的和文化的）之间的相互关系与相互作用结合起来加以分析，揭示各种环境条件下人的心理发生及发展规律。环境行为心理学植根于心理学的一些基本理论，但重点研究的对象是人的行为与城市、建筑、环境之间的相互关系与相互作用，因此其应用性更强。

（1）环境知觉理论

环境知觉是从对环境中个别刺激的加工开始的，通常会经过刺激的觉察、刺激的辨别、刺激的再认和刺激的评定几个过程。环境知觉包括认知的、情感的、解释和评价的成分。随着接触时间的延长，个体对环境的知觉敏感性会发生变化。

图1-3-13 龙安寺石庭
（来源：周维权，《园林·风景·建筑》，P142）

图1-3-14 拙政园
（来源：罗哲文，《中国园林》，P114）

知觉活动意味着辨认形态，而与这方面有着紧密关联的是格式塔心理学。"格式塔"是德文"Gestalt"一词的音译，意思为"形式""形状"，也被译为完形心理学，认为人的大脑生来就有一些法则，对图形的组合原则有一套心理规律，格式塔组织原则包括图形与背景的关系原则、接近或邻近原则、相似原则、封闭原则、良好完形原则、共方向原则、简单性原则、连续性原则等（图1-3-15）。

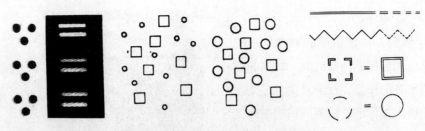

图1-3-15 造型的相同律、连续律
（来源：杨公侠，《视觉与视觉环境》）

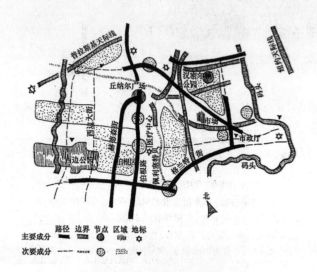

图1-3-16 泽西城视觉模式
（来源：杨公侠，《视觉与视觉环境》）

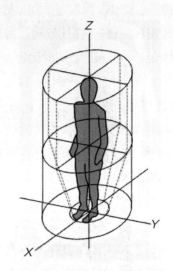

图1-3-17 个人空间示意图
（来源：杨公侠，《视觉与视觉环境》）

（2）环境认知理论

环境认知是指人对环境的储存、加工、理解以及重新组合，从而识别和理解环境的过程。1960年凯文·林奇（Kavin Lynch）在其著作《城市意向》中将城市内可意象性的物质形态归纳为五类，同时也是城市认知图的五个基本要素（图1-3-16）：路径（Path），指人们在环境中所使用的行进通道，如街道、地铁线等；边界（Edges），是具有限定和封闭特征的，倾向于线性的成分，如墙、法定的边界、海岸线等；区域（Distinct），是认知地图中较大的空间，它们具有一些共同的特征；中心与节点（Nodes），指行为较为集中的点，如交叉路口、车站广场、交通枢纽等；地标（Landmarks），是人们用作参照的点，如特征明显的标志[①]。

（3）个人空间与人际距离

1）个人空间

是指围绕在我们周围的，不见边界的、不容他人侵犯的，随我们的移动而移动的，并依据情境扩大和缩小的领域（图1-3-17）。霍尔（Hall）提出人在社会交往中有四种距离：密切距离0~0.45m，个人距离0.45~1.20m，社交距离1.20~3.60m，公共距离7~8m。

2）人际距离

人与人之间的距离决定了在相互交往时何种渠道成为最主要的交往方式。人类学家爱德华·霍尔（Edward Hall）在以美国西北部中产阶级为对象进行研究的基础上，将人际距离概括为四种：密切距离、个人距离、社会距离和公共距离（表1-3-3、图1-3-18、图1-3-19）。

---

① 徐磊青，扬公侠. 环境心理学：环境，知觉和行为[M]. 上海：同济大学出版社，2002：29.

泽西城视觉模式
表1-3-3

类型	范围	特性
密切距离	0～0.45m	小于个人空间，触觉成为主要交往方式，如抚爱和安慰，或者摔跤格斗
个人距离	0.45～1.20m	与个人空间基本一致；能提供详细的信息反馈，谈话声音适中，言语交往多于触觉；适用于亲属、师生、密友握手言欢，促膝谈心，或日常熟人之间的交谈
社会距离	1.20～3.60m	非个人的事务性接触，如同事之间商量工作
公共距离	3.6～7.6m或更远的距离	演员或政治家与公众正规接触所用的距离，无细微的感觉信息输入，无视觉细部可见，需要提高声音，语法正规

（来源：福州大学地域建筑与环境艺术研究所绘制）

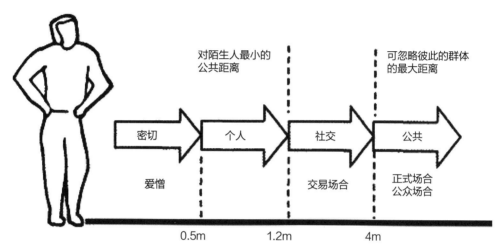

图1-3-18 人类空间距离分类
（来源：杨公侠，《视觉与视觉环境》）

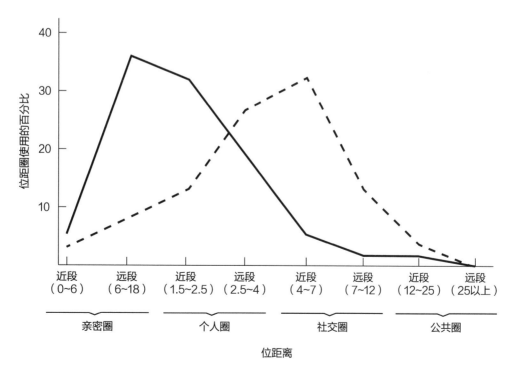

图1-3-19 人际距离近段和远段的分布
（来源：杨公侠，《视觉与视觉环境》）

1.4 景观设计师的职业范畴与专业素养

1.4.1 景观设计师概念

景观设计师是以协调人地关系和可持续发展为根本目标进行空间规划、设计以及管理的职业，其终身目标是使建筑、城市和人的一切活动与生命能和谐相处。1858年，"景观设计师"这一称谓最早是由美国景观设计学之父奥姆斯特德提出（图1-4-1），于1863年正式成为一种职业称号。1977年，约翰·O·西蒙兹在《景观设计学》一书中提出（图1-4-2）：景观设计师的终身目标与工作就是促进人、建筑物、社区与城市以及他们共同生活的地球间和谐相处。1980年，美国风景园林师学会在一份调查中提到：景观设计师是景观的规划和设计者，需要协调人类与生态需求，综合考虑用地与审美要求，求得需求基本平衡。这些定义表明，景观设计师需要处理的对象是土地综合体的复杂综合问题，它是以土地的名义，以人类和其他生命的名义，以人类历史与文化遗产的名义，来监护、合理地利用、设计脚下

图1-4-1 美国景观设计学之父奥姆斯特德
（来源：网络）

图1-4-2 约翰·O·西蒙兹
（来源：网络）

的土地及土地上的空间和物体[1]。（表1-4-1）

1.4.2 景观设计师职业范围

现代景观规划设计的范围非常广阔。西蒙兹《景观设计学》一书中阐述了关于区域、城市、社区与道路等的规划，以及建筑物和构筑物室外环境设计等方面的景观规划设计原则和方法[2]。北京大学俞孔坚教授等人曾对美国景观规划设计师的职业范围有过详细介绍，认为："景观设计师是运用专业知识及技能，以景观的规划设计为职业的专业人员，他的终极目标是使建筑、城市和人的一切活动与生活的地球和谐相处。"[3]设计师

相关职业范围对比 　　　　　　　　表1-4-1

职业	职业范围
建筑师	从事建筑的设计和建造，比如住宅、写字楼、商住楼的设计
土木工程师	从事道路、桥梁等的设计和建造
城市规划师	为整个城市或者区域的发展制定规划
园林设计师	园林的设计施工和绿化的养护管理
景观设计师	在场地规划、城镇规划、公园休闲地规划、区域规划、滨水区规划、园林设计和历史区域保护等综合设计方面

（来源：福州大学地域建筑与环境艺术研究所绘制）

---

① 徐坚，丁宏青. 景观规划设计[M]. 北京：中国建筑工业出版社，2014：15.

② 刘玉杰. 现代景观规划设计诠释——由西蒙兹的《景观设计学》谈起[J]. 中国园林，2002（01）：19-22.

③ 俞孔坚，刘东云. 美国的景观设计专业[J]. 国外城市规划，1999（2）：1-9.

在本行业中服务范围相对较广，主要包括：城市与区域的规划设计；风景旅游区规划；综合地产的开发项目的规划和设计；工厂、校园、文创园、科技园的设计；花园、公园和绿地系统的规划和设计；墓园设计，以及近年来深受关注的城市水系整治，遗产廊道的构建等（图1-4-3～图1-4-8）。

图1-4-3 "二环时代"大型聚居区规划设计——大学城聚居区
（来源：上海意希欧景观建筑设计有限公司）

图1-4-4 重庆市长寿区长寿湖风景区西岸片区景观规划
（来源：上海意希欧景观建筑设计有限公司）

图1-4-5 重庆翠云集聚居区发展规划
（来源：上海意希欧景观建筑设计有限公司）

图1-4-6 宜兴环保科技园设计
（来源：上海意希欧景观建筑设计有限公司）

图1-4-7 无锡古运河南尖公园景观规划设计
（来源：上海意希欧景观建筑设计有限公司）

图1-4-8 陕西省汉中市一江两岸汉江滨水生态公园景观设计

（来源：上海意希欧景观建筑设计有限公司）

1.4.3 职业等级与资格考试

对于景观设计师来说，景观设计师职业资格证书就是进入景观设计就业市场的"通行证"。景观设计师职业共设四个等级：景观设计员（国家职业资格四级）、助理景观设计师（国家职业资格三级）、景观设计师（国家职业资格二级）、高级景观设计师（国家职业资格一级），具体要求见表1-4-2。

景观设计师职业资格考试大纲规定：考试一般采用理论、实践的考核方式，每个部分各占总成绩的50%。理论考核以选择题、判断题为主要题型，部分主观题为辅助题型，考试时间大概控制在2个小时以内。实践考核内容主要是根据所提供的题目，确定设计主题和设计思路，用手绘效果图、电脑绘制效果图或者两种设计表现手法搭配使用的方式进行表达。

考核的内容是：理论考核包括景观设计、常见功能的设计要求、植物栽植和养护知识、景观的构造特点、景观项目的设计、景观设计在城市公共空间的运用、各设计阶段的技术经济指标。实践考核包括景观设计施工图绘制、景观小品的绘制、工作模块及景观设计效果图制作等。

景观设计师职业等级与报考资格   表1-4-2

职业等级	申报资格
景观设计员 （国家职业资格四级）	连续从事本职业工作1年以上
	具有中等职业学校本专业（职业）或相关专业的毕业证书
	经景观设计员正规培训达规定标准学时数，并取得结业证书
助理景观设计师 （国家职业资格三级）	连续从事本职业工作6年以上
	具有高级技能为培养目标的技工学校、技师学院和职业技术学院本专业或职业技术学院本专业或相关专业毕业证书
	取得景观设计员职业资格证书后，连续从事本职业工作4年以上
	取得景观设计员职业资格证书后，连续从事本职业工作3年以上，经助理景观设计师正规培训达规定标准学时数，并取得结业证书
	具有本专业或相关专业大学专科及以上学历证书
	具有其他专业专科及以上学历证书，连续从事本职业工作1年以上
景观设计师 （国家职业资格二级）	连续从事本职业工作13年以上
	取得助理景观设计师职业资格证书后，连续从事本职业工作5年以上
	取得助理景观设计师职业资格证书后，连续从事本职业工作4年以上，经景观设计师正规培训达规定标准学时数，并取得结业证书
	取得景观设计专业或相关专业大学本科学历证书后，连续从事本职业工作5年以上
	具有景观设计专业或相关专业大学本科学历证书，取得助理景观设计师职业资格证书后，连续从事本职业工作4年以上
	具有景观设计专业或相关专业大学本科学历证书，取得助理景观设计师职业资格证书后，连续从事本职业工作3年以上，经景观设计师正规培训达规定标准学时数，并取得结业证书
	取得硕士研究生及以上学历证书后，连续从事本职业工作2年以上
高级景观设计师 （国家职业资格一级）	连续从事本职业工作19年以上
	取得景观设计师职业资格证书后，连续从事本职业工作4年以上
	取得景观设计师职业资格证书后，连续从事本职业工作3年以上，经高级景观设计师正规培训达规定标准学时数，并取得结业证书

（来源：福州大学地域建筑与环境艺术研究所绘制）

本章参考文献：

[1] Naveh Z, Liebeman A. S. Landscape Ecology. Theory and Application[M]. New York: Springer- Verlag, 1984.

[2] 许慎撰. 说文解字注[M]. 上海：上海古籍出版社，1981.

[3] 俞孔坚、刘东云. 美国的景观规划专业[J]. 国外城市规划，1999，（1）.

[4] 辞海编辑委员会. 辞海（1989年版增补本）[M]. 上海：上海辞书出版社.

[5] 俞孔坚，李迪华. 景观设计：专业、学科与教育[M]. 北京：中国建筑工业出版社，2003.

[6] 俞孔坚. 景观的含义[J]. 时代建筑，2002，（1）.

[7] 丁绍刚. 杂谈都市农业[J]. 风景园林，2013，（3）.

[8] 郝鸥，陈伯超，谢占宇. 景观规划设计原理[M]. 武汉：华中科技大学出版社，2013.

[9] 刘娜，舒望. 景观设计初步[M]. 武汉：华中科技大学出版社，2012.

[10] 赵湘军. 隋唐园林考察[D]. 长沙：湖南师范大学，2005.

[11] 周长亮，王洪书，张吉祥. 景观规划设计原理[M]. 北京：机械工业出版社，2011.

[12] 朱婕妤. 寿山艮岳造园技法在开封古城更新中的运用——以艮岳园及艮岳园林博物馆设计方案为例[C]//2015 中国城市规划年会. 2015.

[13] 赵燕，李永进. 中外园林简史[M]. 北京：中国水利水电出版社，2012.

[14] 徐斌，顾勤芳. 浅谈中国当代城市公共空间设计理念的演变[J]. 山西建筑，2008（23）.

[15] 矫克华. 现代景观设计艺术[M]. 成都：西南交通大学出版社，2012.

[16] 刘海鸥. 西方现代庭园的初步研究[D]. 南京：南京林业大学，2004.

[17] 戴代新，齐承雯. 美国可持续风景园林设计案例与启示[J]. 中国城市林业，2015，13（1）.

[18] 刘滨谊. 景观规划设计三元论[J]. 广告大观：标识版，2005，（1）.

[19] 傅伯杰. 景观生态学原理及应用. 第2版[M]. 北京：科学出版社，2011.

[20] 邬建国. 景观生态学：格局，过程，尺度与等级[M]. 北京：高等教育出版社，2007.

[21] 岳邦瑞. 图解景观生态规划设计原理[M]. 北京：中国建筑工业出版社，2017.

[22] 傅伯杰. 景观生态学原理及应用（第2版）[M]. 北京：科学出版社，2011.

[23] 邬建国. 景观生态学：格局，过程，尺度与等级[M]. 北京：高等教育出版社，2007.

[24] 刘晓光. 景观美学[M]. 北京：中国林业出版社，2012.

[25] 徐磊青，杨公侠. 环境心理学：环境，知觉和行为[M]. 上海：同济大学出版社，2002.

[26] 徐坚，丁宏青. 景观规划设计[M]. 中国建筑工业出版社，2014.

[27] 刘玉杰. 现代景观规划设计诠释——由西蒙兹的《景观设计学》谈起[J]. 中国园林，2002，（01）.

[28] 俞孔坚，刘东云. 美国的景观设计专业[J]. 国外城市规划，1999，（2）.

2 景观规划设计的基础分析

2.1 景观空间的限定

所谓景观空间的限定是指利用景观空间界定元素或人的心理因素限制视线的观察方向或行动范围所产生的空间。可以用来划分、限定空间的介质很多，一般说来，任何实物，都可以用作空间的边界、承托体、覆盖体。

2.1.1 运用地形限定空间

地形可以通过多种不同的方式有效且自然地进行空间的创造和分隔，常见的方式主要是通过挖方、堆土、回填、筑堤的土石方工程来实现。运用地形进行空间的限定需考虑三个重要的可变因素（图2-1-1）：空间的底界面范围、封闭斜坡的坡度以及地平轮廓线[1]。

空间底面范围通常标识为可使用的范围，一般情况下底面积越大，空间范围也越大；斜坡的坡度也可称为坡面，它与空间制约有关，坡面越陡峭，空间的轮廓感更明显（图2-1-2）；地平轮廓线代表地形可见高度与天空间的边缘，地平轮廓线和人们的相对位置、高度和距离都会对可视空间界限（视野圈）产生影响（图2-1-3）。[2]

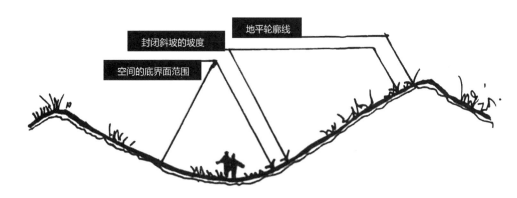

图2-1-1 三个重要的可变因素
（来源：福州大学地域建筑与环境艺术研究所改绘自《风景园林设计要素》，P51）

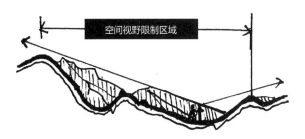

图2-1-2 地平轮廓线限制空间
（来源：福州大学地域建筑与环境艺术研究所改绘自《风景园林设计要素》，P52）

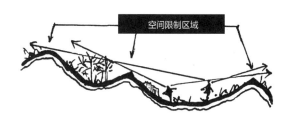

图2-1-3 地平轮廓线与人们相对位置的关系
（来源：福州大学地域建筑与环境艺术研究所改绘自《风景园林设计要素》，P52）

① 郭去尘，曹灿景. 景观设计基础与应用[M]. 北京：中国水利水电出版社，2012：69.

② 诺曼.布思，曹礼昆. 风景园林设计要素[M]. 北京：中国林业出版社，1989：51.

设计师也常利用这三种可变因素进行空间形式的限定，如保持底面积相同的情况下，通过坡度变化与地平轮廓线的变化来塑造空间特性（图2-1-4）。

2.1.2 运用建筑限定空间

利用群体建筑能够构成或限制空间、影响人们的观察视线、改善小气候以及影响周围环境的功能结构（图2-1-5）。在设计中，运用建筑进行

空间的限定常需考虑几个问题：①在建筑布置方面，其位置是否和原有的构筑物或自然环境相协调；②在视觉重点的选择方面：以单体建筑作为所在环境中的视觉焦点，或将其融入环境背景。

建筑群的总体布局形式会影响空间的围合感，常见的空间类型可分为中心开敞空间、定向开放空间、直线型空间、组合线型空间。中心开敞空间就是将建筑物聚集在所有与这群建筑有关的中心开敞空间周围（图2-1-6），因此该类空间

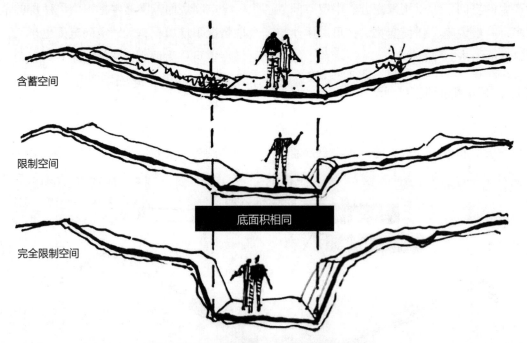

含蓄空间

限制空间

底面积相同

完全限制空间

图2-1-4 底面积相同的情况下塑造空间特性
（来源：福州大学地域建筑与环境艺术研究所改绘自《风景园林设计要素》，P53）

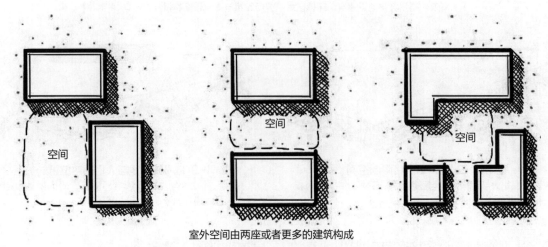

空间

空间

空间

空间

空间

室外空间由两座或者更多的建筑构成

图2-1-5 群体建筑有组织的聚集可形成室外空间
（来源：福州大学地域建筑与环境艺术研究所改绘自《风景园林设计要素》，P136）

具有强烈的自聚性和内向性，并且同一类型的空间由于建筑的错位布置，能够将视线空隙降到最低极限，从而产生强烈的空间围合感，正如佛罗伦萨的希诺利亚广场和锡耶纳的坎波广场等一些中世纪中心开敞空间被设计为"风车"或"旋转"形状（图2-1-7）。

定向空间相较于中心开敞而言，是指建筑围合缺少了一部分，因此整体空间方向将指向开放边（图2-1-8），因此定向空间具有明显的方向性，在进行周围要素配置时应注意保持整体空间的方向性，并且在该空间中开放边的比例大小不宜过大，否则会丧失空间的围合感（图2-1-9）。

直线开敞空间笔直、狭窄，人们在此空间中能够清晰地看清空间的终端（图2-1-10），因此空间终端常作为人们的视距焦点，对于空间的开口端景观设计会比空间两边的垂直面设计来得更为重要。

组合线型空间也属于一种带状空间，但与直线空间相比，会产生许多相互连接、隔离的空间序列（图2-1-11），空间中层次感明显，而视觉焦点会随着人们移动而不断变化，因此适合在空间的转角设置视觉焦点以吸引人们体验。

此外，人的视距与建筑物高度的比值也会影响空间中的围合感，若人和建筑墙体的视距与物高比例为1：1，或者视角为45°，则这个空间为全

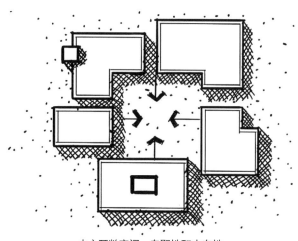

中心开敞空间：自聚性和内向性

图2-1-6 建筑有组织的聚集可形成室外空间
（来源：福州大学地域建筑与环境艺术研究所改绘自《风景园林设计要素》，P148）

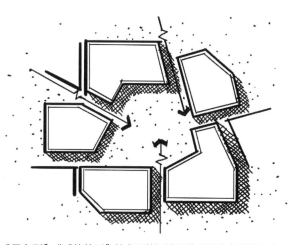

"风车形"或"旋转形"的布局使视线和游人到此空间便停止了

图2-1-7 "风车"或"旋转"形状
（来源：福州大学地域建筑与环境艺术研究所改绘自《风景园林设计要素》，P149）

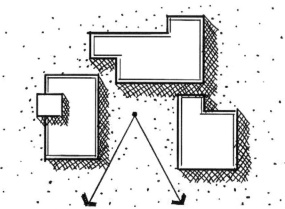

定向开敞空间，建筑群围合的空间强烈地朝向开敞边

图2-1-8 定向开敞空间
（来源：福州大学地域建筑与环境艺术研究所改绘自《风景园林设计要素》，P152）

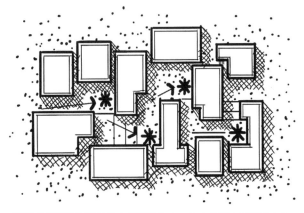

在组合线型空间的转角安排观赏焦点，使人们好奇而吸引人们去探究

图2-1-9 视觉焦点设置
（来源：福州大学地域建筑与环境艺术研究所改绘自《风景园林设计要素》，P154）

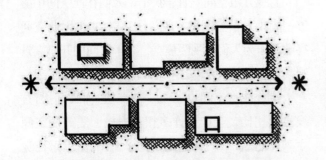

直线型渠道空间：人们的注意力朝向空间的末端

图2-1-10 直线开敞空间
（来源：福州大学地域建筑与环境艺术研究所改绘自《风景园林设计要素》，P152）

组合线型空间，视线和焦点随着人们的移动而不断地变化

图2-1-11 组合线型空间
（来源：福州大学地域建筑与环境艺术研究所改绘自《风景园林设计要素》，P153）

封闭的状态；若达到2：1的视距和物高比，则该空间处半封闭状态；若为3：1，则处于半开敞状态；若为4：1，则为全开敞状态（图2-1-12），并且这类比值还会影响空间整体的氛围感，一般情况下视距与物高比例在1～3之间时，空间的私密性较强；比值超过6时，则空间的开放性最为强烈（图2-1-13）。

2.1.3 运用植物限定空间

在景观设计中，植物可以从地平面、垂直面以及顶平面等各个面单独或者共同组合来对景观空间进行限定。在地平面上，各种不同高度和不同种类的植物，如草坪、地被植物、矮灌木等都可以暗示景观空间的边界（图2-1-14）；在垂直面上，可以通过树干、枝叶来形成空间的围合感，树干如同空间中的支柱，而空间封闭的程度会随着枝干的粗细、疏密及种植形式而变化（图2-1-15），枝叶的疏密度和分枝的高度也同样会影响空间的闭合感；在顶平面上，高大茂密的植物的树冠限制着伸向天空的视线，从而对空间形成划分，但其中也会受到季节、枝叶密度、树木种植方式等一些可变因素的影响，一般情况下，在城市景观设计[1]中，树木的间距保持在3～5m会产生较好的视觉效果（图2-1-16）。[2]

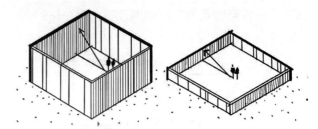

图2-1-12 视距与建筑物高度的比值影响空间围合感
（来源：福州大学地域建筑与环境艺术研究所改绘自《风景园林设计要素》，P137）

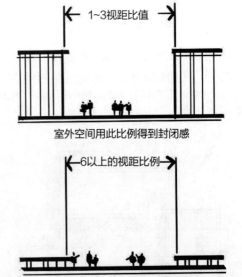

1～3视距比值

室外空间用此比例得到封闭感

6以上的视距比例

室外空间用此比例能得到开敞感

图2-1-13 视距与建筑物高度的比值影响空间氛围感
（来源：福州大学地域建筑与环境艺术研究所改绘自《风景园林设计要素》，P138）

---

① 郭去尘，曹灿景. 景观设计基础与应用[M]. 北京：中国水利水电出版社，2012，70.

② 诺曼. 布思，曹礼昆. 风景园林设计要素[M]. 北京：中国林业出版社，1989：74-80.

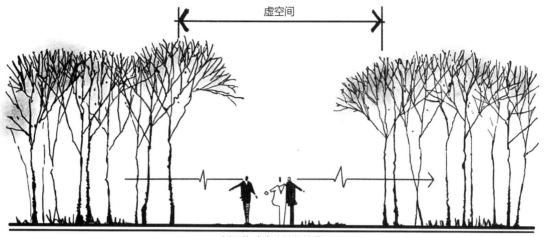

图2-1-14 树干构成虚空间
（来源：福州大学地域建筑与环境艺术研究所改绘自《风景园林设计要素》，P75）

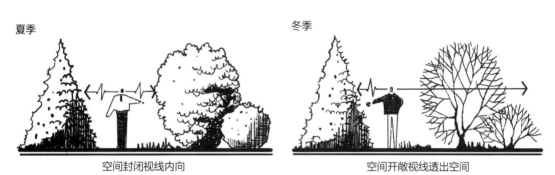

图2-1-15 枝叶受到季节影响产生不同视觉感受
（来源：福州大学地域建筑与环境艺术研究所改绘自《风景园林设计要素》，P77）

图2-1-16 枝叶密度形成顶部空间
（来源：福州大学地域建筑与环境艺术研究所改绘自《风景园林设计要素》，P78）

在景观设计中，运用植物构成空间时，需明确设计目的和空间性质，如开阔等，再组织设计相应植物。以植物为主构成的基本空间类型包括开敞空间、半开敞空间、覆盖空间、完全封闭空间及垂直空间等。

开敞空间通常仅利用草坪、地被植物或低矮的灌木来作为空间界定要素，这种空间四周开敞、流动性强、无私密性（图2-1-17）。

半开敞空间与开敞空间相似，在其一面或多面部分利用较高的植物形成单向的封闭空间，开敞程度小，通常适用于居民住宅环境、大型水体周围，满足一面需隐秘性，而另一面需有一定的开阔空间的场所（图2-1-18）。

覆盖空间是通过高大浓密的遮阴树，构成顶部覆盖、四周通透的空间，这类空间通过高度形成强烈的垂直尺度感（图2-1-19）。

完全封闭空间与覆盖空间最大的区别是四周都被中小型的植物所遮盖，具有极强的隐蔽性（图2-1-20）。

图2-1-17 低矮的灌木和地被植物形成开敞空间
（来源：福州大学地域建筑与环境艺术研究所改绘自《风景园林设计要素》，P79）

图2-1-18 半开敞的空间视线朝向敞面
（来源：福州大学地域建筑与环境艺术研究所改绘自《风景园林设计要素》，P79）

处于地面和树冠下的覆盖空间

图2-1-19 覆盖空间
（来源：福州大学地域建筑与环境艺术研究所改绘自《风景园林设计要素》，P79）

完全封闭空间

图2-1-20 完全封闭空间
（来源：福州大学地域建筑与环境艺术研究所改绘自《风景园林设计要素》，P80）

　　垂直空间常使用高而细的植物构成一个耸立、高大、朝天开敞的空间，多使用圆锥形的植物（图2-1-21）。

　　总的来说，通过植物进行空间的限定，不仅能够形成各具特色的空间，还能有效地"缩小"空间和"扩大"空间，创造出丰富多彩的空间序列。

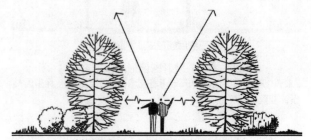

封闭垂直面，开敞顶平面的垂直空间

图2-1-21 垂直空间
（来源：福州大学地域建筑与环境艺术研究所改绘自《风景园林设计要素》，P80）

2.1.4 运用地形、建筑、植物共同限定空间

　　在景观设计中，常常运用地形、建筑、植物共同限定空间。植物和地形结合，可强调或消除由于地形的变化所形成的空间，如植物栽种于凸地形上，能够增加凸起的高度，从而增加相邻凹地形的空间封闭感（图2-1-22）。

　　建筑与植物相互配合，能够将建筑物所围合的空间再丰富成更富有生命的次空间，如景观设计中常在山顶建亭、阁，山脚建廊、榭等，或在其周围适当栽种一些植物，以构成良好的景观效果，如北京的颐和园，苏州的留园、拙政园等就是运用地形、建筑、植物共同限定空间的典型例证（图2-1-23、图2-1-24）。

　　而从建筑角度而言，植物则可以用来完善建筑或其他设计因素所构成的空间布局，常见的手法主要有围合与连续。围合是利用植被和建筑两者结合围合出私密性较强的封闭空间（图2-1-25）；连续是利用成片或者成线的植被轮廓，将一些相对孤立的因素联系起来，利用植被完善建筑平面和立面的构图（图2-1-26）。

植物减弱和消除由地形所构成的空间

植物增强由地形所构成的空间

图2-1-22 植物与地形的结合
（来源：福州大学地域建筑与环境艺术研究所改绘自《风景园林设计要素》，P82）

图2-1-23 颐和园
（来源：周维权，《园林·风景·建筑》）

图2-1-24 苏州留园
（来源：陈从周，《园林有境》，P111）

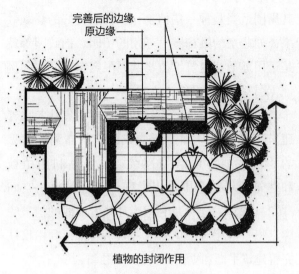

图2-1-25 植物的围合
（来源：福州大学地域建筑与环境艺术研究所改绘自《风景园林设计要素》，P84）

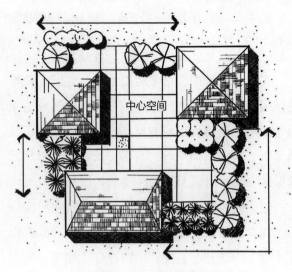

图2-1-26 植物的连续
（来源：福州大学地域建筑与环境艺术研究所改绘自《风景园林设计要素》，P85）

2.2 景观的表皮

2.2.1 借用建筑的表皮

"建筑主要由表皮构成，即：表皮形成结构，表皮形成分割，表皮形成楼层，表皮形成屋面，表皮形成饰面，表皮融入基础，表皮触入地面，表皮形成门窗，表皮形成表皮"[1]。一般情况下，建筑表皮的所指包括除屋顶外建筑所有外围护部分，在某些特定情况下，如特定几何形体造型的建筑屋顶与墙体表现出很强的连续性并难以区分，或为了特定建筑观察角度的需要将屋顶作为建筑的"第五立面"来处理时，也可以将屋顶作为建筑表皮的组成部分。对于以柱廊为代表的灰空间的建筑界面，建筑表皮这个概念含有两个层次的意义。作为界定空间的要素来看，应当将其整体的认为是外部空间和半室外的灰空间之间的建筑界面，也就是说，应整体作为建筑表皮来研究。而针对组成柱廊的单独的构件来说，其构件本身的外表面的处理也属于建筑表皮研究的范畴。也就是说，灰空间建筑界面的建筑表皮处理可以在整体和局部两个层次上加以探讨。[2]

建筑物的表皮采用不同的材质，在景观空间中，会呈现出不同的景观效果。现代加工技术和材料表现方式的进步，使得人们对材料的处理有了更大的自由度，人们颠覆了立面处理中原有的虚实对比、比例尺度等观念，运用与传统观念完全不同的手法来创造全新的表皮视觉效果。[3]（表2-2-1）

2.2.2 地面的表皮

地面进行硬质表皮铺装的作用是为了适应地面不同频度的使用，它为人们提供了坚固、耐磨的活动空间。还可以通过布局和路面铺砌图案提供方向性，起导游作用，但是只有符合人们的运动路线被铺成带状时，才会发挥其作用，如无论是在公园、校园或城市绿地中，总会出现人们为方便而在草坪上自发形成的"近路"，为解决这一问题，可以预先由人们进入场地中活动，再依据行动路线在规划图上标注，随后铺设的道路大体上反映出这些（图2-2-1），又或是在某一特殊空

① LEATHERBARROW D, MOSTAFAVI M. Surface architecture[M]. London: The MIT Press, 2002: 30-35.

② 李梦蛟. 建筑表皮肌理当代建构趋势研究[D]. 天津：天津大学，2017.

③ 俞天琦. 当代建筑表皮信息传播研究[D]. 哈尔滨：哈尔滨工业大学，2011.

建筑表皮肌理形态构成类型　　　　　　　　　　　　　　　表2-2-1

	散点式构成类型及案例			
类型图示	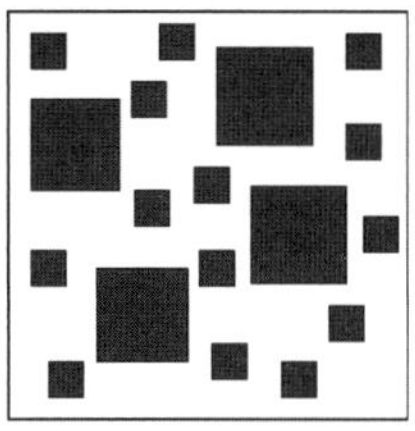	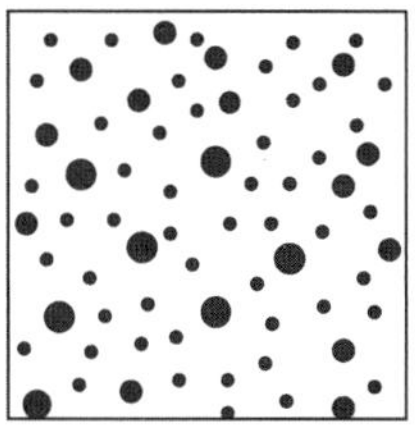	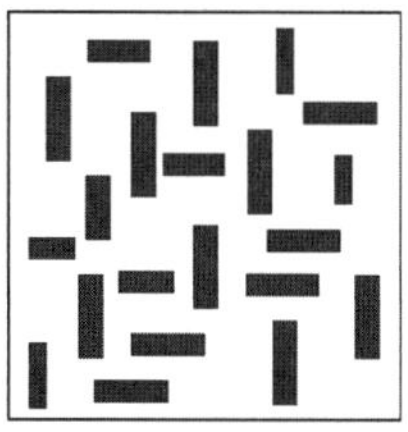	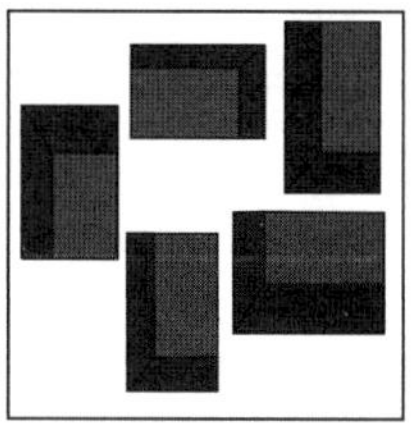
实际案例	 a）埃森关税同盟设计与管理学院	 b）仁川儿童科学馆	 c）宁波历史博物馆	 d）意大利基亚拉诺小学
	横线式构成类型及案例			
类型图示	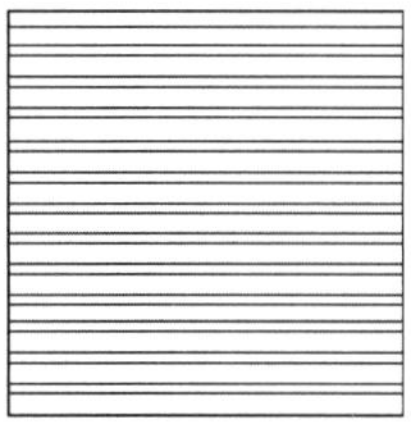	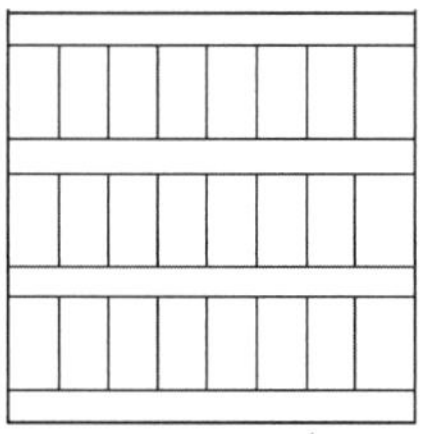	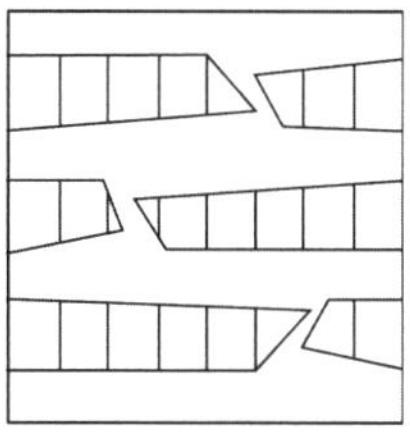	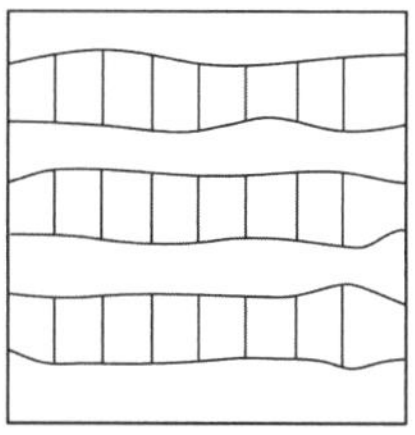
实际案例	 e）北京新浪总部大楼	 f）杭州古墩路小学	 g）沃达丰总部大厦	 h）奥托博克大厦
	竖线式构成类型及案例			
类型图示	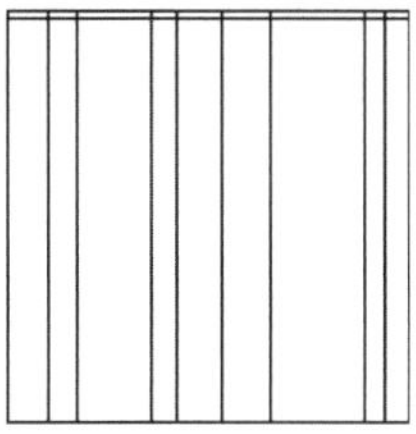	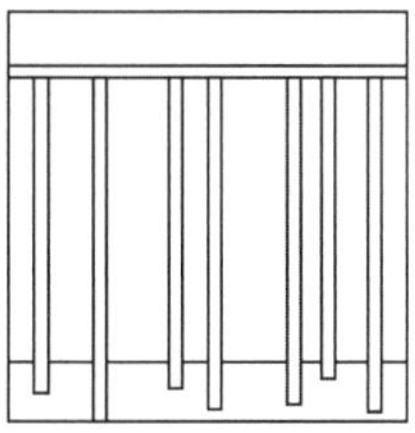	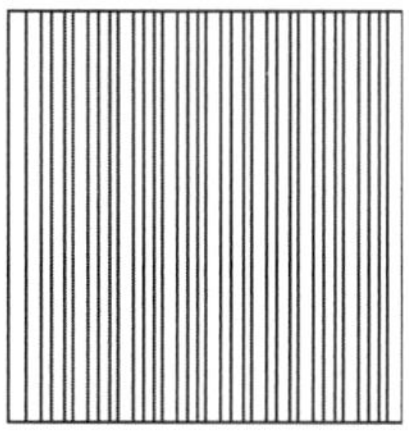	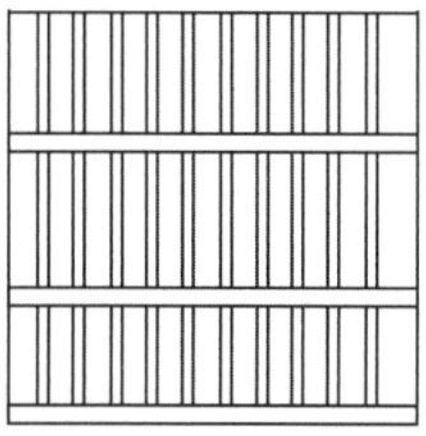
实际案例	 i）伊朗Termeh办公商业楼	 j）侵华日军南京大屠杀遇难同胞纪念馆三期扩容工程	 k）Puma能源巴拉圭总部	 l）清华大学海洋中心

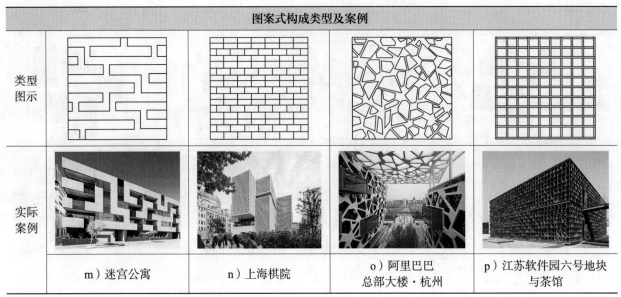

图案式构成类型及案例			
类型图示			
实际案例			
m）迷宫公寓	n）上海棋院	o）阿里巴巴总部大楼·杭州	p）江苏软件园六号地块与茶馆

（来源：福州大学地域建筑与环境艺术研究所绘制）

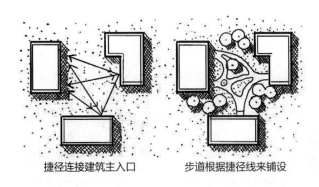

捷径连接建筑主入口　　步道根据捷径线来铺设

图2-2-1 根据人们行动路线进行铺设
（来源：福州大学地域建筑与环境艺术研究所改绘自《风景园林设计要素》）

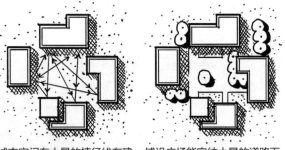

城市空间有大量的捷径线在建筑之间　　铺设广场能容纳大量的道路而又提供统一的布局

图2-2-2 铺设广场满足多种需求
（来源：福州大学地域建筑与环境艺术研究所改绘自《风景园林设计要素》）

间中存在多条"近路"，则最好的办法是将这个部分利用铺装材料形成一块广场，不仅可以满足人们的需求，更能协调统一整个空间（图2-2-2）。[1]

除此之外，铺装的宽度、铺装的间隔距离，还会影响人们行走的速度和节奏，例如铺装路面越宽则人们的行进速度就会越慢。等距条石铺成的小道会比不同间距的通过时间更短（图2-2-3）。与此同时，这些因素也会影响铺面的视觉空间比例，若铺装的每一块料面积较大，则会使空间产生开阔感，反之则具有压缩感（图2-2-4），例如水泥砌块和大面的石料适合用

在较宽的道路和广场，尺度较小的地砖铺地和卵石铺地比较适合于铺在尺度较小的路或空地上。铺地质感的变化可以增加铺地的层次感，比如在尺度较大的空地上采用单调的水泥铺地，在其中或者道路旁采用局部的卵石铺地或者砖铺地。

除此之外，通过铺装材料的变化能够在户外空间中暗示不同的场地用途与功能，如铺装地面以相对大面积、与导向相反或无方向性的形式出现时，暗示一个休息场所的产生（图2-2-5），公园中的健身区域则通过铺装材料的色彩、质地来说明场所的功能性（表2-2-2）。

---

[1] 李开然. 景观设计[M]. 上海：上海人民美术出版社，2011：81-82.

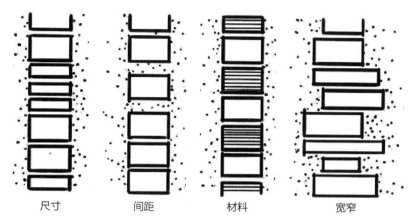

尺寸　　　　间距　　　　材料　　　　宽窄

图2-2-3 影响行走节奏的因素
（来源：福州大学地域建筑与环境艺术研究所改绘自《风景园林设计要素》）

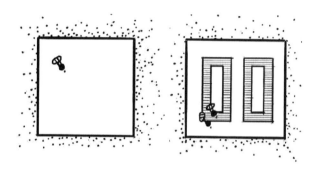

图2-2-4 铺装影响室内外空间比例
（来源：福州大学地域建筑与环境艺术研究所改绘自《风景园林设计要素》）

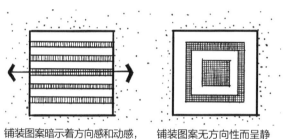

铺装图案暗示着方向感和动感，铺装图案影响着空间的动态和静感。

铺装图案无方向性而呈静止状态

图2-2-5 铺装地面的变化说明场地的不同用途
（来源：福州大学地域建筑与环境艺术研究所改绘自《风景园林设计要素》）

不同类型空间的铺装形式与质感　　　　　　　　　　　　　表2-2-2

类型	广场活动空间	健身游乐空间	步行游览空间	休憩观景空间
铺装形式与质感	（图）	（图）	（图）	（图）
	简洁单一	结合功能	主次分明	停留暗示
	（图）	（图）	（图）	（图）
	结合主题	营造氛围	结合意境	模仿自然

（来源：福州大学地域建筑与环境艺术研究所）

图2-2-6 重复式铺装设计
（来源：网络）

图2-2-7 渐变式铺装设计
（来源：网络）

在景观环境中，常见的铺装基础组合方式可分为重复式、渐变式、发射式及整体式（整体图案）。重复式是指同一种元素连续且反复有规律的排列，这样的铺装地面给人以强烈的秩序感与安定感（图2-2-6）；渐变式则可以分为形状的大小渐变组合、方向的渐变、色彩的渐变，这种组合方式给人以丰富的节奏和韵律感（图2-2-7）；发射式可以说是一种特殊的重复与渐变，特点是由中心向外扩张或者由外向中心收缩，因此其指向作用强烈，发射形式还可细分为离心式、向心式、同心式、移心式和多心式（图2-2-8），它们构成的铺装地面有着强烈的视觉效果，富有吸引力；整体式常用于广场铺装中，常结合主题提取图案并利用铺地材料进行整体设计，以丰富广场底界面，并起到烘托主题的作用（图2-2-9）。[①]

———————
① 田建林，张柏. 园林景观地形铺装路桥设计施工手册[M]. 北京：中国林业出版社，2012：95-97.

图2-2-8 发射式铺装设计
（来源：网络）

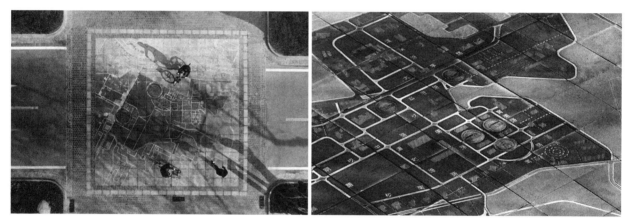

图2-2-9 整体式铺装设计
（来源：网络）

2.2.3 利用植物作为表皮

植被是景观中最为重要、变化丰富的表皮元素。植被的色彩、质感、形状都会随着季节发生变化，不同种类植物的选择，植物种类之间的搭配，对景观效果具有重要的影响。对各类乔木、灌木、草本植物的深入了解，是创造性运用植被作为表皮进行设计的基础。

植被的种植可以减缓地面高差给人带来的视觉差异，也可强化地面的起伏形状，使之更加有趣味。不同种类的植被选择，使景观的表皮产生不同柔性的变化，随着植被的生长以及季节的不同，也具有不同的形态。植物的色彩和质地是植被设计中非常重要又常被人忽视的因素，有关于植物色彩与质地的相关内容将在后文的植物设计部分进行详细介绍（图2-2-10、图2-2-11）。

图2-2-10 植物季相设计
（来源：福州大学地域建筑与环境艺术研究所绘制）

序号	植物名称	拉丁学名	最佳观赏期（月份）											
			1	2	3	4	5	6	7	8	9	10	11	12
1	小叶榕	Ficus microcarpa L. f.					观	叶						
2	秋枫	Bischofia javanica Bl.					观	叶						
3	番石榴	Psidium guajava Linn.										观	果	
4	碧桃	Amygdalus persica L. var. persica f. duplex Rehd.			观	花								
5	杨桃	Averrhoa carambola L.										观	果	
6	枇杷	Eriobotrya japonica (Thunb.) Lindl.				观	果							
7	李子	Prunus salicina Lindl.							观	果				
8	油菜花	Brassicacapestris					观	花						
9	虞美人	Papaver rhoeas L.				观	花							
10	夏堇	Torenia fournieri Linden. ex Fourn.						观	花					
11	薰衣草	Lavandula angustifolia Mill.						观	花					
12	醉蝶花	Cleome spinosa Jacq.							观	花				
13	草莓	Fragaria × ananassa Duch.						观	果					
14	向日葵	Helianthus annuusL.						观	花、果					
15	美女樱	Verbena hybrida Voss							观	花				

序号	植物名称	拉丁学名	最佳观赏期（月份）											
			1	2	3	4	5	6	7	8	9	10	11	12
1	小叶榕	Ficus microcarpa L. f.				观	叶							
2	秋枫	Bischofia javanica Bl.				观	叶							
3	凤凰木	Delonix regia (Boj.) Raf.						观	花					
4	洋紫荆	Bauhinia variegata Linn.							观	花				
5	大腹木棉	Bombax malabaricum DC.			观	花								
6	粉花腊肠树	Cassia fistula Linn.						观	花					
7	黄花风铃木	Handroanthus chrysanthus (Jacq.) S.O.Grose			观	花								
8	南洋楹	Albizia falcataria (Linn.) Fosberg					观	花						
9	麻楝	Chukrasia tabularis A. Juss.							观	叶				
10	天鹅绒紫薇	Whit III							观	花				
11	洋金凤	Caesalpinia pulcherrima (L.) Sw.					观	花						
12	琴叶榕	Ficus pandurata Hance var. pandurata							观	叶				
13	雪花木	Breynia nivosa								观	叶			
14	紫蝉花	Allamanda violacea							观	花				
15	彩霞变叶木	Codiaeum variegatum (L.) A. Juss.												

图2-2-11 植物质地搭配与季相设计
（来源：福州大学地域建筑与环境艺术研究所绘制）

本章参考文献：

[1] 郭去尘，曹灿景. 景观设计基础与应用[M]. 北京：中国水利水电出版社，2012.

[2] 俞天琦. 当代建筑表皮信息传播研究[D]. 哈尔滨：哈尔滨工业大学，2011.

[3] 李梦蛟. 建筑表皮肌理当代建构趋势研究[D]. 天津：天津大学，2017.

[4] 诺曼K. 布思. 风景园林设计要素[M]. 曹礼昆，曹德鲲，译. 1989. 北京：中国林业出版社，1989.

[5] 郝鸥，陈伯超，谢占宇. 景观规划设计原理[M]. 武汉：华中科技大学出版社，2013.

[6] LEATHERBARROW D, MOSTAFAVI M. Surface architecture[M]. London: The MIT Press, 2002.

[7] 田建林，张柏. 园林景观地形铺装路桥设计施工手册[M]. 北京：中国林业出版社，2012.

[8] 李开然. 景观设计[M]. 上海：上海人民美术出版社. 2011.

3 景观规划的设计内容

3.1 地形设计

地形设计作为基本的造景要素，在景观环境的空间划分与联系中起到重要的作用，也是其他诸多要素的依托基础与底界面，是构成景观环境的骨架。地形设计的组成要素是指地形中的地貌形态、地面坡向、地面坡度大小及地面铺装等[1]。

3.1.1 景观地形分类

"地形"为"地貌"的近义词，是指地球表面在三维方向上的形状变化，它是其他要素（包括水体）的承载体。一般来说，凡园林建设必先综合考虑与造景有关的各种因素，充分利用原有地形地貌，对局部地形进行改造处理，使景观内外环境在高程上具有合理关系，以满足人们的各种需要（表3-1-1）。

（1）平坦地形

在视觉上往往上下均衡，给人以轻松与安全感，其主要的视觉对象为远处的天际线、建筑轮廓或植物，因此设计者往往会通过在其中设置颜色鲜艳、体量较大、造型独特的建筑或小品，并进行群体组合来增加场地的趣味性（图3-1-1），且任何一种垂直性的设计要素都能够成为平坦地形上的视觉焦点[2]。

景观地形的类型划分   表3-1-1

划分依据	分类	基本特征	适用场所
按形状划分	平坦地形	指土地的基面应在视觉上与水平面相对平行，简明且稳定	入口集散广场、游乐场地、文化广场、景观平台、建筑用地等
	凸地形	指环形同心的等高线布置围绕地面的制高点，是一种具有动态感和行进感的地形类型	公园入口、安静游览区、公园边界、部分游憩性节点等，并且会与建筑、植物、水体等其他景观要素结合
	凹地形	指碗状低洼地，可以通过紧凑严密的等高线表示出来	露天观演、运动场地、部分游憩性节点等，并且会与建筑、植物、水体等其他景观要素结合
	坡地	与平坦地形具有更明显的起伏变化和动态特性，与凸地形和凹地形相比，高差更小，并且连接着凸地形与凹地形，具有凸地形与凹地形的某些功能特点	
按表现方式划分	人工形式	给人以简单与规则的美感，常受到可达性与安全性的制约	公园入口广场、娱乐活动广场、活动平台、建筑及外广场等
	自然形式	指土石、草坪、乔灌木等自然材料塑造（少人工加工）的地形类型。给人以自然亲切的感觉	土丘、大草坪、石块、自然水岸

（来源：根据田建林，张柏，《园林景观地形铺装路桥设计施工手册》一书整理）

---

[1] 田建林，张柏. 园林景观地形铺装路桥设计施工手册[M]. 北京：中国林业出版社，2012.

[2] 肖磊. 城市公园地形设计方法与实践研究[D]. 南京：南京林业大学，2012：12.

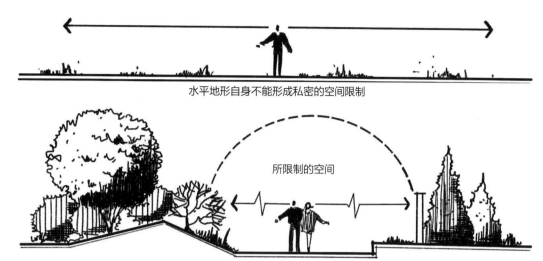

水平地形自身不能形成私密的空间限制

所限制的空间

空间和私密性的建立必须依靠地形的变化和其他因素的帮助

图3-1-1 平坦地形的特征与再设计
（来源：改绘自肖磊，《城市公园地形设计方法与实践研究》）

（2）凸地形

顶部与坡面形成空间的边界，在空间中布置植物、建筑与小品能够大大增加地形的高差，且易形成视觉焦点，但在布置设计要素时需注意从四周向高处观察地形起伏和设计要素间形成的构图和比例关系，并且所设置的建筑与小品须有鲜明的形态特征，以作为地标引导游人驻足（图3-1-2）。

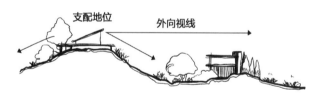

图3-1-2 凸地形的特征与再设计
（来源：改绘自肖磊，《城市公园地形设计方法与实践研究》）

（3）凹地形

凹地形视线通常比较封闭，内向性强，由于具有一定尺度的闭合效果，能够聚集视线，为人们进行聚集性活动提供场所，所以可作为表演舞台、露天剧场的理想选址，也可结合溪流、河水形成水体景观。凹地形一般与凸地形同时存在，它们可相互结合，并且在控制坡度的同时种植植物，能够形成一处良好的小型气候（图3-1-3）。凸地形与凹地形往往是由人工堆砌而成，因此为节省工程投入，在进行土方设计时，最好是达到自身的平衡，即开挖的土方量和回填的土方量基本持恒，这样可以使砂石土壤基本在原地腾挪，而不需要从另外的地方大量采挖泥土，或者产生大量废弃的土石。

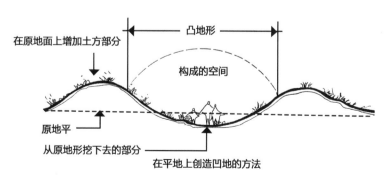

图3-1-3 凹地形的特征与再设计
（来源：改绘自肖磊，《城市公园地形设计方法与实践研究》）

（4）坡地

根据坡度的大小可分为缓坡地（3%~10%）、中坡地（10%~25%）、陡坡地（25%~50%）、急坡地（50%~100%）和悬崖陡坎（＞100%），地形高差变化大的情况下，根据坡形的变化可以分为山脊和山谷（图3-1-4）。[①]山脊是连续凸起型地貌，因此具有很强的方向感、运动感与延伸感，在设计中常常用来转换视线，或将视线引向

某个焦点；山谷是一系列连续的凹嵌型地貌，且具有汇水作用，因此常作为水体活动场所使用。自然起伏的坡地结合建筑物、小品及植物能够产生丰富的空间层次，但由于坡度的大小可能会给活动中的人们产生不稳定感，因此在需要结合坡度的大小合理规划路线、场地及建筑的位置，必要时需使用挡土墙、台阶与坡道支撑（图3-1-5）。

3.1.2 景观地形设计要点

（1）广场地形设计

广场内尽量避免大填大挖，场地内的标高应低于周围建筑的散水标高，根据广场大小、形状及排水流向情况，广场的地形设计一般可采用一面坡、两面坡、不规则斜坡和扭坡，如广场为矩形或方形时，且处凸地形，那么可设计一条脊线两面坡形式，坡度的走向与主干中线保持一致（图3-1-6）；广场为圆形时，凹地形则可以在中央环道周围布置雨水口解决排水问题，凸地形可在广场外圆周围的道牙边设置雨水口（图3-1-7）。

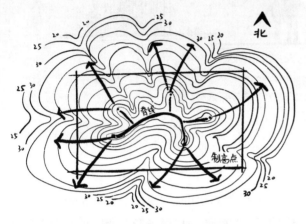

图3-1-4 地形高差变化
（来源：改绘自肖磊，《城市公园地形设计方法与实践研究》）

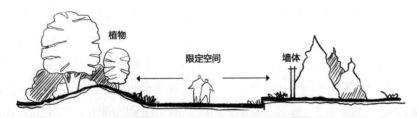

图3-1-5 坡地的特征与再设计
（来源：改绘自肖磊，《城市公园地形设计方法与实践研究》）

图3-1-6 方形广场地形设计
（来源：网络）

图3-1-7 圆形广场地形设计
（来源：网络）

---

① 肖磊. 城市公园地形设计方法与实践研究[D]. 南京：南京林业大学，2012：15.

（2）道路地形设计

户外地形会影响行人与车辆运行的方向、速度与节奏（图3-1-8）。一般情况下，步行道的坡度应≤10%，行人可以较不费力地平稳行进；若在坡度较大的地面进行路线设置，最好沿等高线或斜向与等高线设置（图3-1-9），若需要穿行凸地形，最好在"山洼"或"山鞍部"设置道路（图3-1-10）。

（3）坡地建筑设计

坡地建筑主要利用屋顶、墙面与地面，利用起伏、折叠的手法将建筑与大地视为同一整体，与周边环境形成连续性，具有界面延续、尺度模糊与屋顶可达的特点（图3-1-11、图3-1-12）。地形建筑主要以人工的方式重构大地，处理形式可分为阶梯式与变层式。

阶梯式有着与场地地形坡度相应的阶梯形

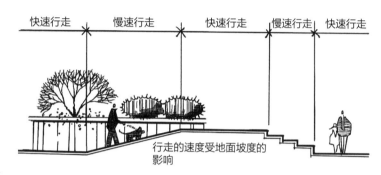

图3-1-8 行人行进速度受地面坡度影响
（来源：改绘自肖磊，《城市公园地形设计方法与实践研究》）

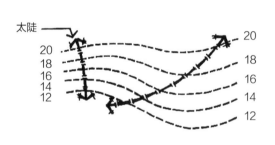

图3-1-9 可行的路线应平行于等高线
（来源：改绘自肖磊，《城市公园地形设计方法与实践研究》）

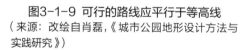

穿越山地最好是从山鞍部通过

图3-1-10 穿越山地最好从山鞍部通过
（来源：改绘自肖磊，《城市公园地形设计方法与实践研究》）

图3-1-11 跌落单元式坡地建筑
（来源：网络）

图3-1-12 阶梯走廊式坡地建筑
（来源：网络）

态，主要有跌落单元式、阶梯走廊式与台阶式三种，跌落单元式主要用于坡度7%~17%的坡地上，阶梯走廊式和台阶式用于坡度≥25%的坡地上（表3-1-2）。

变层式坡地建筑适用于任何坡度的坡地上，长向顺着坡地或斜交布置，房屋各个部分的层数随着地形高差变化而变化。

3.1.3 景观坡度设计

在地形设计中，坡度不仅影响地表的排水以及坡面稳定性，还会对人的活动产生影响，因此有必要对于各类场地的适用坡度范围有一定了解（表3-1-3、表3-1-4、图3-1-13）。

阶梯式坡地建筑处理形式 表3-1-2

类型	跌落单元式	阶梯走廊式	台阶式
特点	由高度相同、竖向错动半层或一层的各单元构成	由按通廊或回廊布置的各层做水平移动而成，每层的出入口都设在毗连坡地的一段，不需要在建筑内部增设辅助性楼梯	在平行坡度方向和垂直坡度方向都由一、二层相互连接成一体的居住组合体拼连而成，并利用下层单元的屋面作为上层的阳台

（来源：自绘）

景观地形的类型划分[1] 表3-1-3

内容	适用坡度（%）	内容	适用坡度（%）
主要道路	1~8	停车场	1~5
次要道路	1~12	运动场	0.5~1.5
服务车道	1~10	游戏场	2~3
边道	1~8	儿童乐园	0.3~2.5
入口	1~4	密实性地面与广场	0.3~3.0
步行坡道	≤8	平台与广场	1~2
停车坡道	≤15	杂用场地	0.3~3.0
台阶	33~50	一般场地	0.2
铺装明沟	1~50	铺草坡面	≤33
自然排水沟	2~10	种植坡面	≤50

（来源：根据郝鸥《景观规划设计原理》一书整理）

地面坡度分级及适用坡度[2] 表3-1-4

分级	坡度（%）	设计要求
平坡	3%以下	由于基本上为平地，建筑与道路可自由布置，注意排水组织
缓坡地	3%~10%	建筑适合与等高线平行或斜交布置，非机动车道尽量不垂直等高线布置，机动车道可随意选线
中坡地	10%~25%	建筑与道路最好与等高线平行或斜交布置，若与等高线斜交，建筑则需要结合地形做错层处理
陡坡地	25%~50%	施工难度大，建筑需结合地形进行个别设计
急坡地	50%~100%	需要做特殊处理，通常不适用于居住区建设
悬崖坡地	100%以上	施工难度大，工程费用大

（来源：根据张立磊《山地地区城市公园地形设计研究》一文整理）

[1] 郝鸥，陈伯超，谢占宇. 景观规划设计原理[M]. 武汉：华中科技大学出版社，2013：96.

[2] 张立磊. 山地地区城市公园地形设计研究[D]. 重庆：西南大学，2008：18.

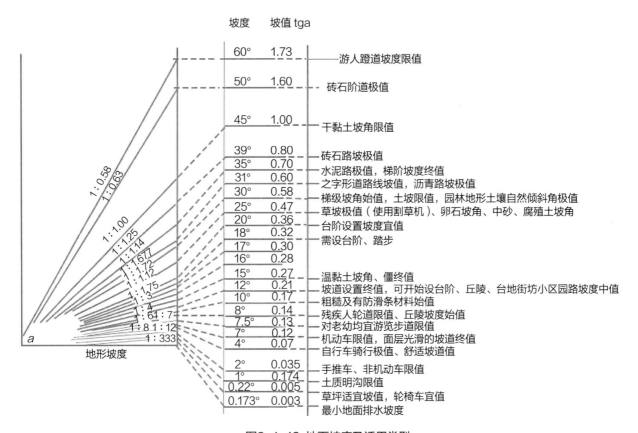

坡度　坡值 tga

坡度	坡值 tga	
60°	1.73	游人蹬道坡度限值
50°	1.60	砖石阶道极值
45°	1.00	干黏土坡角限值
39°	0.80	砖石路坡极值
35°	0.70	水泥路极值，梯阶坡度终值
31°	0.60	之字形道路线坡值，沥青路坡极值
30°	0.58	梯级坡角始值，土坡限值，园林地形土壤自然倾斜角极值
25°	0.47	草坡极值（使用割草机）、卵石坡角、中砂、腐殖土坡角
20°	0.36	台阶设置坡度宜值
18°	0.32	需设台阶、踏步
17°	0.30	
16°	0.28	
15°	0.27	温黏土坡角、僵终值
12°	0.21	坡道设置终值，可开始设台阶、丘陵、台地街坊小区园路坡度中值
10°	0.17	粗糙及有防滑条材料始值
8°	0.14	残疾人轮道限值、丘陵坡度始值
7.5°	0.13	对老幼均宜游览步道限值
7°	0.12	机动车限值，面层光滑的坡道终值
4°	0.07	自行车骑行极值、舒适坡道值
2°	0.035	手推车、非机动车限值
1°	0.174	土质明沟限值
0.22°	0.005	草坪适宜坡值，轮椅车宜值
0.173°	0.003	最小地面排水坡度

地形坡度

图3-1-13 地面坡度及适用类型
（来源：改绘自张立磊，《山地地区城市公园地形设计研究》）

（1）挡土墙设计

在景观设计中，一般会通过土石方工程来改变地形（挖方、堆土、回填、筑堤），因此都会面临如何稳定地形坡面的问题，挡土墙可以很好地解决这一问题（图3-1-14）。而且在现代景观中的挡土墙设计兼具功能性、文化性与生态性，甚至能够成为一处特定区域内的景观亮点。

由于挡土墙没有明确的形式界定，多是根据场地需求进行设计，因此在挡土墙的线形、边界与组合形式上存在极大的灵活性。常见的挡土墙平面形式可分为直线型、折线型、圆弧型、曲线型等（表3-1-5、图3-1-15）。

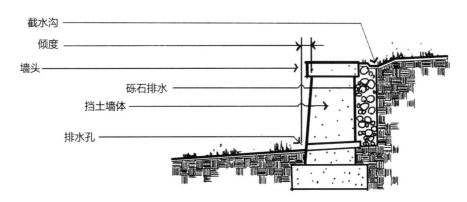

截水沟
倾度
墙头
砾石排水
挡土墙体
排水孔

图3-1-14 挡土墙的剖面细节图
（来源：改绘自张立磊，《山地地区城市公园地形设计研究》）

挡土墙的平面形式①

表3-1-5

形式	空间方向	形式特点	适用环境
直线型	单向	稳定	界定空间
折线型	多向	灵活	休闲空间
圆弧型	向心、发散	规则	观演空间
曲线型	多向	柔和	休闲空间

（来源：根据钱雪飞《园林景观中的挡土墙设计》一文整理）

a）直线型　b）折线型　c）圆弧形　d）曲线型

图3-1-15 挡土墙的平面形式
（来源：作者自绘）

挡土墙设计的模式也呈现多元化发展，如利用中国传统叠山手法，协调周边地形而产生的假山式挡土墙（图3-1-16）；以人为加工的规则块石为材料，错缝砌筑而成的块石式挡土墙（图3-1-17）；将大小不一的卵石进行堆叠并结合混凝土相贴而成的卵石式挡土墙（图3-1-18）；结合廊道景观小品进行布局的木廊式挡土墙（图3-1-19）；结合坡地地形分段沿等高线设置的梯田式挡土墙；结合垂直绿化、攀援植物打造的绿墙式挡土墙（图3-1-20）；使用新型材料并结合艺术表现手法打造的彩绘式挡土墙（图3-1-21）等②。

（2）台阶设计

景观台阶是指在户外空间中供人们上下行走的阶梯式景观构件，主要用来连接景观空间中不

图3-1-16 假山式挡土墙
（来源：网络）

图3-1-17 块石式挡土墙
（来源：网络）

图3-1-18 卵石式挡土墙
（来源：网络）

① 钱雪飞. 园林景观中的挡土墙设计[D]. 南京：东南大学，2019：26.

② 林海燕. 城市绿地中的挡土墙设计研究[D]. 长沙：湖南农业大学，2010：38-45.

图3-1-19 木廊式挡土墙
（来源：网络）

图3-1-20 绿墙式挡土墙
（来源：自摄）

同高程空间。[1]台阶主要设计要素包括踏步、栏杆、踢面（图3-1-22），户外台阶的踏步宽高比可根据下式计算：$2R$（台阶的高度）$+T$（台阶的宽度）$=67cm$，户外楼梯标准尺寸计算公式为：（踢面高×3）＋踏面宽$=70cm$，虽然踏面与踢面的尺寸相互影响，但需强调，踏面的深度不得少于28cm，这是基于一般人脚掌的长度而设定的（图3-1-23）。一般情况下，一组台阶的踢面垂直高度应保持一个常数，保证行进过程中的安全，并且可在踢面的底部设置阴影线，从而提醒行人

图3-1-21 彩绘式挡土墙
（来源：网络）

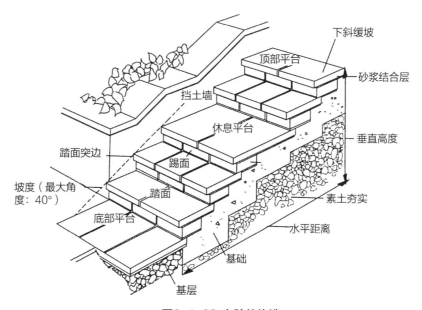

图3-1-22 台阶的构造
（来源：郝鸥，《景观规划设计原理》）

---

[1] 杨成珠. 景观台阶的设计研究[D]. 南京：东南大学，2016：07.

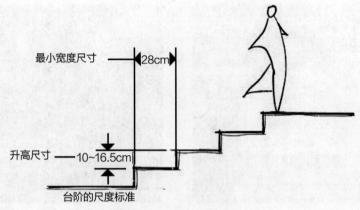

图3-1-23 台阶尺度标准
（来源：自绘）

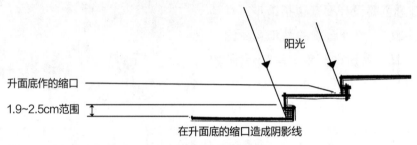

图3-1-24 设置阴影线
（来源：自绘）

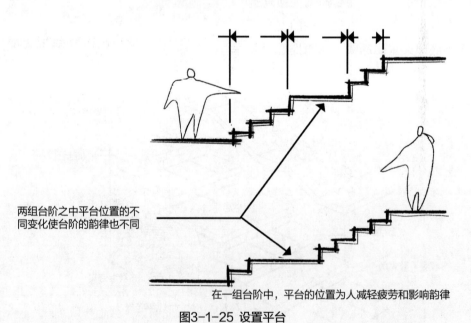

图3-1-25 设置平台
（来源：自绘）

注意安全（图3-1-24）。在一段连续的台阶中加设平台可以丰富行进过程中的节奏感，且一定程度上会削弱人们心理上的疲惫感（图3-1-25）。

垂带墙与栏杆扶手是保证台阶设计安全性的重要条件，垂带墙一般分为两种，一是墙顶部的高度始终保持在最高一级台阶之上，二是顶部随着台阶倾斜（图3-1-26）。扶手栏杆是在行人上下阶梯时抓握以保持平衡，一般情况下，扶手栏

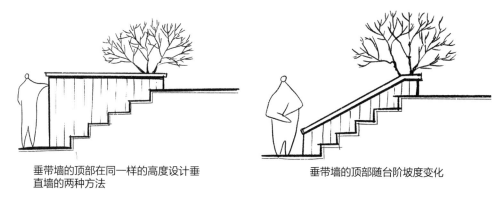

垂带墙的顶部在同一样的高度设计垂直墙的两种方法 垂带墙的顶部随台阶坡度变化

图3-1-26 垂带墙类型
（来源：福州大学地域建筑与环境艺术研究所绘制）

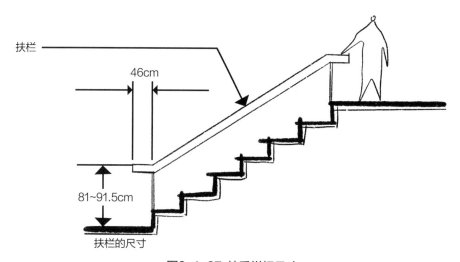

扶栏

46cm

81~91.5cm

扶栏的尺寸

图3-1-27 扶手栏杆尺寸
（来源：福州大学地域建筑与环境艺术研究所绘制）

杆的高度是离踏面前81~91.5cm处（图3-1-27），且在台阶的始末端都应各自延伸出46cm左右（表3-1-6）。

台阶设计不仅能够巧妙地处理景观营建中倾斜度大的地形问题，更能在景观环境中起到引导与分隔空间的作用（图3-1-28），从美学角

台阶主要设计要素的尺度   表3-1-6

设计要素	分类	尺寸
踏步	一般踏步	H=120~150mm、W=300~350mm
	可做踏步	H=200~350mm、W=400~600mm
	室外连续踏步	3≤步数≤18，超过18级则中间需设置休息平台，平台W≥1200mm
扶手栏杆	一般栏杆	H≥900mm
	低栏杆	200≤H≤300mm
	中栏杆	800≤H≤900mm
	高栏杆	1100≤H≤1300mm
	儿童栏杆	500≤H≤600mm

（来源：福州大学地域建筑与环境艺术研究所绘制）

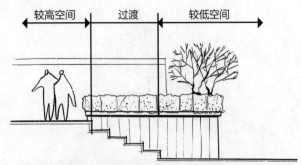

台阶分割室外空间成高低不同的空间和两者间的过渡空间

图3-1-28 台阶能够引导与分隔空间
（来源：郝鸥，《景观规划设计原理》）

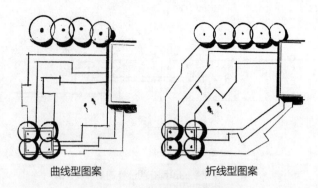

曲线型图案　　　　折线型图案

图3-1-29 构成独特的线性图案
（来源：郝鸥，《景观规划设计原理》）

图3-1-30 台阶作为非正式休息区使用
（来源：自摄）

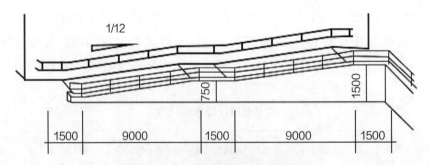

图3-1-31 1：12坡度高度与水平长度
（来源：作者改绘自周文麟，《城市无障碍环境设计》）

度来看，台阶能够在户外空间中构成独特的线性图案，尤其在无限制的广场空间中形成重要的视觉要素（图3-1-29），且用于繁华的公共行人区，能成为人们休息处或公众聚会的场地（图3-1-30）。

（3）无障碍坡道设计

坡道是由一个界面向另一个界面过渡的，是一种方便轮椅、婴儿车和手推车等通行的设施。常见的坡道类型主要由三种：直线型、L型和折线型，坡度控制在1：12之内（图3-1-31）。

其中，直线型坡道的占地面积比较大，坡道宽度应>1.2m，坡道两端还需预留出1.5m的深度给轮椅缓冲和停留；L型与折线型的坡道都需预留>1.5×1.5m²的回转空间给轮椅转弯和停留[①]

（图3-1-32）。且由于不同的坡度对于轮椅使用者的上臂力量有不同要求，因此在设置坡道时，需要考虑到高差、坡道与使用者舒适性间的关系（图3-1-33、表3-1-7）。

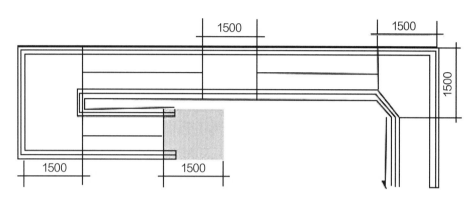

图3-1-32 坡道起点、中点和休憩平台水平长度（mm）
（来源：改绘自周文麟，《城市无障碍环境设计》）

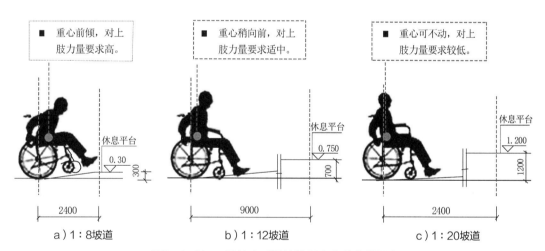

图3-1-33 不同坡度对轮椅使用者上臂力量要求
（来源：改绘自王翠翠，《住区户外环境无障碍通达性设计研究》）

坡度的最大高度和水平长度   表3-1-7

坡度	1:8	1:9	1:10	1:12	1:16	1:18	1:20
高度（m）	0.30	0.45	0.60	0.75	0.90	1.05	1.20
长度（m）	2.40	4.05	6.00	9.00	14.40	18.90	24.00

（来源：《无障碍设计资料集》）

---

① 肖雨晴. 社区公园肢体残障无障碍化设计研究[D]. 长沙：湖南农业大学，2016：34.

3.2 植物设计

植物造景设计，顾名思义就是运用乔木、灌木、藤本及草本植物来创造景观，充分发挥植物本身形体、线条、色彩等自然美，配植成一幅幅美丽动人的画面，供人们欣赏。[①]植物设计是景观规划设计中的重要环节，它擅于利用植物自身特性打造独特的植物景观视觉效果。一个好的植物设计需要兼具科学性与艺术性，既要保证植物与生态环境相适应，又要充分利用艺术构景原理突出植物独特的形式美，以及人们欣赏时所体会到的意境美。

3.2.1 景观植物的分类

城市绿化中的种植设计，就是在城市生态条件下，将不同种类的园林植物配置成既美观又符合其生态习性的栽培群落。[②]由于景观植物形态、

结构、生态习性、培育方式呈多样性发展，且各具特色，为方便园林规划与种植设计，有必要对景观植物进行分类（表3-2-1）。

在景观规划设计中常用的景观植物分类方法是按照植物生物学形状划分，具体介绍如下：

（1）乔木

乔木的体型高大，主干间分明、分枝点较高且寿命比较长。乔木依据成熟程度可分为31m及以上的伟乔木、21～30m的大乔木、11～20m的中乔木以及6～10m的小乔木（图3-2-1）；按生态习性可分为针叶树、常绿阔叶树、落叶阔叶树与竹类等（表3-2-2）。作为构成公园植物的主要树种，大中乔木可作为主景树，也常与多种树木搭配形成树丛、树林；小乔木则多在绿地环境中进行分隔与限制空间时使用。

（2）灌木

灌木的品种丰富，既有常青树又有落叶树。

景观植物常用的分类方法 表3-2-1

序号	分类依据	具体内容
1	按照自然科属划分	界、门、纲、目、科、属、种
2	按照植物生物学性状划分	草本植物、木本植物、藤本植物、多浆多肉植物
3	按照园林景观用途	行道树、庭荫树、花灌木、绿篱植物、垂直绿化植物、花坛植物、草坪及地被植物、滨水植物、园路植物
4	按照观赏部位划分	观花类、观茎类、观叶类、观果类、观根类、芳香类、荫木类、林木类

（表格来源：根据相关材料整理绘制）

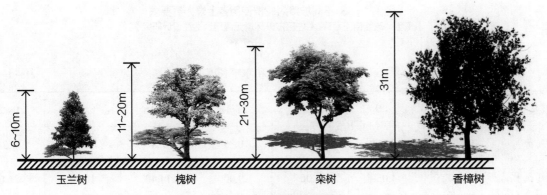

图3-2-1 一般乔木高度
（来源：自绘）

---

① 李焕忠. 浅谈中国园林植物造景特点[J]. 山西林业，2003（2）：2.

② 苏雪痕. 园林植物耐阴性及其配置[J]. 北京林业大学学报，1981（2）：63-70.

乔木主要类型 表3-2-2

类型	特性	常用场合	代表植物	图示
针叶树	针叶树一般指松柏类树木，也包括落叶树。常绿针叶树色彩以绿灰色居多，可营造出宁静、庄严、肃静的视觉感受	学校、博物馆、纪念馆、寺院	马尾松、油松、侧柏、桧柏、杉木、水杉、雪松、银杏	马尾松
常绿阔叶树	常绿阔叶树有着优美的树姿，且不易落叶，花、果、叶都具有较高的欣赏价值	行道树	广玉兰、桂花、金合欢、山茶、冬青、杨梅	广玉兰
落叶阔叶树	落叶阔叶树四季变化分明，具有轻盈曼妙的树姿，是理想的观赏性植物	观赏树、行道树（由于易落叶，要尽量避免用于人工水景周围）	柏杨树、垂柳、榆树、梅花树、樱花树、紫薇树、木芙蓉、石榴	垂柳
竹类	属于乔本科植物，树干独特，也叶面美观	公园、庭院	凤尾竹、毛竹、石竹、苦竹、佛肚竹、富贵竹	毛竹

（来源：根据相关资料整理绘制）

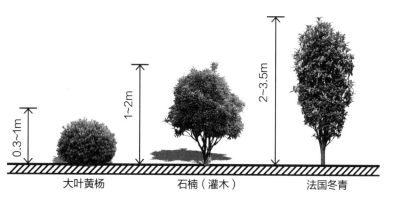

大叶黄杨　石楠（灌木）　法国冬青

图3-2-2 一般灌木高度
（来源：根据相关资料整理绘制）

相较于乔木，灌木没有明显的主干，分枝的高度较低，植株较低，因而也称为低木，一般不超过5m，多呈丛生状，在公园中常以丛植、群植、绿篱等形式出现。按照高度划分，高度0.3～1m为小灌木，1～2m为中灌木，2m以上为大灌木（图3-2-2）。也正是由于灌木高度的特点，它处于景观植物群落的中间层，且平均高度与人眼平视高度一致，易给人提供亲切的观赏空间，又因灌木种类丰富，可观花、观果、观叶等，容易形成视觉焦点，多应用于重点美化区域。

（3）草本植物

草本植物的茎为草质，特点为柔软、多汁且易折断。根据植物的生长周期可将草本植物划分为三类：一年生植物、二年生植物与多年生植物（表3-2-3）。一年生植物多生活于热带或亚热带，常播种于春季，因此也被称为春播植物，且一年生植物容易出花，因此在植物配置时常作为点缀花出现；二年生植物多生活于温带或寒冷地区，有较强的耐寒性，常播种于秋季，因此也被称之为秋播植物；多年生植物的个体生命超过两年，在气候温和的地区，多年生植物终年生长且不落叶，在温差较大的地区，则在春天生长冬天冬眠。

（4）地被植物

地被植物常指低矮的草本植物、矮小的灌木或是匍匐于地面的藤本植物，其绿叶时间长，生长速度快，繁殖能力强并有较强的适应能力。国外学者将高度标定为"From less than an inch to about 4 feet"，即从2.5cm到1.2m。地被植物应用范围广，可铺设于小面积绿化，也可大面积铺设于裸露的平地或者坡地，草坪则是其中最为人们熟知的地被植物（表3-2-4）。

（5）水生植物

水生植物是指只有在水中才能正常生长的植物。按照水生植物的习性、形态特征与植物设

草本植物主要类型			表3-2-3
种类	**特点**	**代表植物**	**图示**
一年生植物	生长周期短，易开花，色彩鲜艳，适用于点缀	凤仙花、鸡冠花、牵牛花、波斯菊、万寿菊、百日草	 万寿菊
二年生植物	生长周期相对长，分为冬前冬后两个阶段，不易开花，多为一生一次。适用于盆栽或者花坛布置	紫罗兰、金鱼草、金盏花、雏菊、万寿菊、二月兰	 二月兰
多年生植物	生产周期长，终年生长，具有常年开花的习性，且可通过人工修剪控制花期	马蹄莲、美人蕉、荷花、水仙、郁金香、朱顶红	 朱顶红

（来源：根据相关资料整理绘制）

地被植物主要类型				表3-2-4
分类依据	**类别**	**特性**	**代表植物**	**图示**
按生态环境区划分	阳性地被	需全光照环境	百里香、鸢尾	 鸢尾
	阴性地被	需荫蔽环境	车前草、蝴蝶花	 蝴蝶花

续表

分类依据	类别	特性	代表植物	图示
按生态环境区划分	中性地被	对于环境适应能力较强，可光可阴	石蒜、常春藤	常春藤
按观赏性状划分	常绿地被植物类	四季常青	麦冬、葱兰	葱兰
	观叶地被植物类	叶面或姿态特殊	八角金盘菲白竹	八角金盘
	观花地被植物类	花期长、颜色艳丽	金鸡菊金苞花	金鸡菊

（表格来源：根据相关材料整理绘制）

挺水型植物：蒲草

浮叶型植物：睡莲

漂浮型植物：凤眼莲

沉水型植物：水藻

图3-2-3 水生植物
（来源：根据相关资料整理绘制）

计功能进行分类，可将水生植物划分为挺水型植物、浮叶型植物、漂浮型植物、沉水型植物四种。挺水型植物指根茎生于泥中，茎、叶浮于水面，这类植物在接触空气面的部分具有陆生植物的特征，水下部分则有水生植物的特征，它们常生长于0~15cm的浅水中，如茭白、蒲草、荷花、水芹；浮叶型植物根茎发达，色彩艳丽，叶面常浮于水面上，常见的植物有睡莲、王莲等；漂浮型植物是指根茎不生长于泥中，植株漂浮于水面上，如凤眼莲、大藻等；沉水型植物是指根茎生于泥中，整个植株沉入水中，叶型多为丝状或是狭长状，如金鱼藻等（图3-2-3）。

（6）藤本植物

藤本植物植株长而细软，不能直立，需要攀援或倚靠其他物体才能向上生长，如墙面、山石、篱笆、棚架、河道护坡墙等一切垂直于地面的建筑物与构筑物的墙面。藤本植物种类丰富，其独特的形态与色彩特点展现出各类自然美感。藤本植物常用于建筑外立面的垂直绿化，形成立体绿化，有利于美化城市、改善城市小环境、增加城市绿化率、软化建筑立面并可以改善建筑的隔热保温效能（图3-2-4）。

3.2.2 景观植物的美学特征

（1）植物的姿态

植物的姿态各异，可通过植物的大小及外形特征进行了解。在植物大小方面，上文介绍了常见的乔木分类与特性，若在一个开阔的场地中，大乔木常作为空间中的主体树，需要先确定其位置，中小型乔木多作为大乔木的背景，需结合大乔木种植位置进行合理配置（图3-2-5）。大灌木高于人眼视线时容易形成视觉屏障，因而常密植代替僵硬的墙体，起到空间围合的作用；中小灌木常被修建成模纹花坛植物，可起到一定的空间界定作用，多种不同色彩的小灌木相结合易形成平面视觉中心点，多设于广场、公园及道路中央等（图3-2-6）。

植物的外形指的是单株植物的外部轮廓，常见的类型有圆柱形、塔尖形、圆锥形、球形、卵圆形、广卵形、匍匐形等，还有特殊的馒头形、伞形、垂枝形、钟形、龙枝形、棕榈形、丛生形、芭蕉形等（图3-2-7）。在植物设计中，植物的形状应相互调和，如以有节奏的重复作为主要背景，则其间穿插以强烈对比的植物形状，这既能保证整体形状的和谐又能活跃氛围，起到调节设计焦点的作用（表3-2-5）。

以上植物为天然生长的树形，而人们常对一些枝干密集的树种进行修剪，打造人们所需要的若干形态，这也被称为人工造型。例如枝叶密集型的女贞、小叶黄杨常被修建成球形、方形、梯形等（图3-2-8）。

（2）植物的色彩

植物主要由主干、叶色、花色、果色这四个方面呈现色彩的变化，并且植物在一年中都有其

图3-2-4 藤本植物
（来源：自摄）

图3-2-5 大乔木作为空间主体树
（来源：自摄）

图3-2-6 小灌木丰富空间层次
（来源：自摄）

自身的生长规律，植物设计正是要抓住植物的这一特色，利用不同植物的季相搭配，让人们能感受到周围景观的四季变迁。

主干的颜色多为灰褐色，但也有例外，如紫

图3-2-7 植物常见外形分类
（来源：根据相关资料整理绘制）

植物的外形 表3-2-5

序号	类型	观赏效果	代表植物
1	圆柱形	高耸	黑松、塔白
2	圆锥形	庄重、肃穆	桧柏、云杉
3	塔尖形	庄重、肃穆	雪松、冷杉
4	广卵形	柔和	侧柏、刺槐
5	卵圆形	柔和	悬铃木、玉兰
6	球形	柔和	丁香、小叶黄杨
7	馒头形	柔和	馒头柳、千头椿
8	伞形	视线引向水平舒展	合欢、紫薇
9	龙枝形	奇特	龙爪槐、龙爪杉
10	垂枝形	优雅、将视线引向下方	垂柳、龙爪槐
11	钟形	柔和、将视线引向上方	榉树、槐树、紫玉兰
12	棕榈形	热带	棕榈树、椰树
13	芭蕉形	热带	芭蕉树
14	丛生形	自然	黄连翘
15	匍匐形	舒展、绵延	迎春、铺地柏

（来源：根据相关资料整理绘制）

红色、赤铜色、黄色、绿色、白色或杂色。主干的颜色尤其在深冬季节，树叶落尽时，会影响人们对于植物色彩的感知。大多数的植物叶片为绿色，可分为深浅明暗不同的绿色，且即使同一种植物也会随着植物生长条件、季节的变化、自身营养状况等影响因素的作用而发生改变（表3-2-6、表3-2-7）。

花色是人们感受植物最直接的方式，因此在植物设计中需要掌握花色，明确植物的花期，在运用色彩理论的基础上，合理搭配花色和花期。值得注意的是，一些植物的花色会随时间或环境的变化而改变（表3-2-8）。

造型小叶女贞　　金叶女贞球　　大叶黄杨球　　造型大叶黄杨

方形女贞绿篱　　　　　　造型组合绿篱

图3-2-8 植物人工造型
（来源：根据相关资料整理绘制）

植物主干的色彩　　　　　　　　　　　　　　　　　表3-2-6

颜色	紫红色 红褐色	赤铜色	黄色	绿色 灰绿色	白色 灰色	杂色
代表植物	紫竹 红瑞木	山桃 稠李	金竹 连翘	竹 梧桐	朴树 白桦	悬铃木 白皮松
图示	红瑞木	山桃	连翘	梧桐	白桦	悬铃木

（来源：根据相关资料整理绘制）

植物叶片的色彩　　　　　　　　　　　　　　　　　表3-2-7

分类	颜色	代表植物	图例	
春色叶植物	红色或紫红色	臭椿 栾树 月季	臭椿	栾树

分类	颜色	代表植物	图例
春色叶植物	新叶特殊色	云杉 铁力木 红叶石楠	 红叶石楠　　　　铁力木
秋色叶植物	红色或紫红色	五角枫 爬山虎 火炬树	 五角枫　　　　火炬树
	黄色或黄褐色	白蜡 水杉 金钱松	 金钱松　　　　白蜡
常色叶植物	红色或紫红色	一品红 红枫树	 一品红　　　　红枫树
	紫色	紫竹梅 吊竹梅 紫叶李	 紫竹梅　　　　吊竹梅
	黄色或金黄色	金叶女贞 金叶鸡爪槭 金钱松	 金叶女贞　　　　金叶鸡爪槭
	银色	银叶菊 雪叶莲 银圣丹参	 银叶菊　　　　雪叶莲

分类	颜色	代表植物	图例	
常色叶植物	异面叶	银白杨 青紫色木 飞羽竹芋	 青紫色木	 飞羽竹芋

（来源：根据相关资料整理绘制）

植物花色的色彩　　　　　　　　　　　　　　　　　　　　表3-2-8

季节 颜色	春	夏	秋	冬
白色	广玉兰、含笑、石楠	栀子花、刺槐、茉莉	木槿、油茶、银薇	梅、鹅掌楸
红色	牡丹、芍药、榆叶梅	合欢、一串红、凌霄	金山绣线菊、木芙蓉	一品红、梅
黄色	连翘、金钟花、迎春	鸡蛋花、黄花夹竹桃	桂花、菊花、	蜡梅
蓝色	风信子、鸢尾、矢车菊	矢车菊、鸢尾	风铃草	蓝色瓜叶菊
紫色	紫丁香、紫玉兰、紫荆	木槿、紫薇、牵牛花	紫薇、翠菊、木槿	蓟菊、紫竹梅、白头翁

（来源：根据相关资料整理绘制）

植物的果实也极具观赏价值，有些果实色彩鲜艳，且冬季依然犹存，这为万物凋零的冬季增添了一线生机（表3-2-9）。

3.2.3 植物配置的基本方法

植物配置时常采用自然式、规则式及混合式，既可以利用孤植单独成景，也可通过多种植物组合构成群体景观，还可以搭配山石、水体、园路、构筑物等共同组景[1]。

（1）孤植

所谓孤植，即"将树木以独立形态展现出来的种植形式"[2]。换句话说，孤植是将具有观赏性的植物进行孤立种植，这并非只能进行单棵植物栽种，有时为了造景需要会将两株或三株紧密地

植物果色的色彩　　　　　　　　　　　　　　　　　　　　表3-2-9

颜色	红色或橘红色	黄色或橙色	紫蓝色或黑色	白色
代表植物	冬青、石楠、火棘、杨梅、樱桃	银杏、柿、金桔、木瓜、柠檬	葡萄、女贞、水蜡、紫株、桑树	红瑞木、雪里果、珠兰
图示	 冬青	 银杏	 女贞	 红瑞木

（来源：根据相关资料整理绘制）

---

① 周悦玥，孟祥彬，李树臣，等. 浅析园林孤植树造景的生态美[J]. 北京农学院学报，2006，21（2）：5.

② 鲁敏，李英杰. 园林景观设计[M]. 北京：科学出版社，2005.

栽种一起，构成一个单元，但要求必须为同一树种，远观的效果与单株种植效果相同。在园林中配置孤植树一方面是为了景观构图艺术性的需要，另一方面能够在开阔空间中起到庇荫的作用（表3-2-10）。

通常情况下，孤植树的种植具体位置主要有以下情况：种植于空地与草坪，以蓝天、水面、草地等单一色彩为背景，以构成局部景观中心；种植于高地或山冈上，不仅能丰富高地或山冈的天际线，还能为游人提供纳凉的场地；种植于花坛、休闲广场、道路岔口、建筑前庭等规则式绿地中，可作为庭荫树，也可进行人工修建，打造独特造型，形成沿途独特的风景线。

而孤植树作为园林构图的主景树，选择栽种位置时需要注意以下几点：

1）栽种地点要尽量选择四周空旷处，便于树木生长发育，且追求自然式的景观中，孤植树应避免种植于场地正中心，可适当偏移一侧（图3-2-9）。

2）在空地、草坪等空旷处种植孤植树时，

孤植树种选择 表3-2-10

选择依据	特性	典型树种	图示
纯美观作用	树冠开展、枝叶茂盛、叶大荫浓，以圆球形、伞形树冠为好	油松、银杏、玉兰、榕树、海棠、梅花、香樟、悬铃木	香樟　榕树
兼具遮阴作用	树冠不开展、呈圆柱形或尖塔形的树种	新疆杨、雪松、云杉	雪松　黎巴嫩雪松

（来源：福州大学地域建筑与环境艺术研究所绘制）

图3-2-9 孤植树栽种位置
（来源：自绘）

需要预留适宜的观赏视距（图3-2-10），一般在4倍树高的范围中要避免种植其他高耸植物，避免遮挡观赏视线。

3）在配置时需要充分考虑孤植树与周围环境的关系，要求体型要与环境协调，而色彩与环境要有一定差异性。开阔空间（大草坪、大水面、高地、山冈）应选用体型高大、树冠丰富的乔木作为孤植树，且色彩上要与背景有一定差异性，以突出孤植树的个体美（图3-2-11）；在较为狭小的空间（小型的林中草地、小型水面及小型庭院）应选择体量小巧、姿态优美的中小乔木或灌木等作为主景（图3-2-12）。

4）在进行植物设计时，若场地中有成年大树，应将其充分利用作为孤植树；若为珍贵古名木，则应参照相关珍贵名木的保护条例，周围避

免种植其他乔木或灌木，保留其独特的姿态与风采。

（2）对植

对植是指将两株树或两个树丛按照一定的轴线关系相互对称或均衡的配置方式种植（图3-2-13、图3-2-14）。[1]对植树可分为对称式与非对称式（表3-2-11），对称式对植是以主题景观的轴线为对称式轴，对称种植两株（丛）品种大小、高度一致的植物，而非对称式对植是指两株（丛）植物在主轴线两侧按照中心构图法或均衡法进行配置，形成动态的平衡。[2]两种方式都要求两株（丛）植物的对植为同一树种，左右相对；而非对称式对植可要求姿势不同，但枝干的动势应向轴线方向，且栽种相对自由。如左侧栽种一株大树，而右侧可为同种的两株小树，又

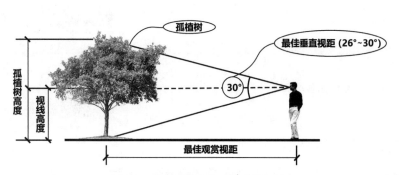

图3-2-10 孤植树最佳观赏距离
（来源：自绘）

图3-2-11 协调孤植树与周围环境的关系
（来源：自摄）

图3-2-12 狭小空间孤植栽种
（来源：自摄）

---

① 刘慧民. 植物景观设计[M]. 北京：化学工业出版社，2016：48-53.

② 郝鸥，陈伯超，谢占宇. 景观规划设计原理[M]. 武汉：华中科技大学出版社，2013：173-174.

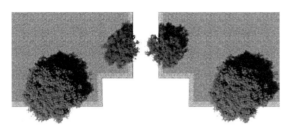

图3-2-13 两株树对植平面图
（来源：自绘）

图3-2-14 两个树丛对植平面图
（来源：自绘）

对植树两种类型　　　　　　　　　　　　　　　　表3-2-11

类型	对称式对植	非对称式对植
特点	同一树种	同一树种
	同一规格	不同大小和姿态，不同株数
	沿中轴线对称分布	沿中轴线非对称分布
	树冠形状规整	树木动势集中、左右均衡
	规则式种植环境中	自然式种植环境中
种植位置	大门两边、广场或桥头的两旁、有纪念意义的建筑物或规则式园林的两侧（栽植的位置不得妨碍交通和其他活动，并应保证树木有足够的生长空间）	自然式园林的入口两旁、桥头、蹬道石阶的两旁、园林小品两侧、河道的入口两边、闭锁空间的入口、建筑物的门口等
图示	立面图　　　　平面图	立面图　　　　平面图

（来源：根据相关资料整理绘制）

或是两侧是相似而不相同的两个树种，也可以两侧是外形相似的两个树丛。

对植树树木类型应具备外形整齐、美观与规整的特征，因而常用的乔木树种包括桧柏、圆柏、油松、云杉、银杏、柳杉、南洋杉、龙爪槐等；灌木树种包括黄杨、木槿、西府海棠、丁香等（表3-2-11）。

（3）列植

列植是指乔灌木按一定的株行距沿直线或曲线成排种植，或在一定变化规律下成行成列栽植的方式。可以说列植是对植的延伸，它们在园林景观中常起到背景的作用，且种植密度较高的列植树可形成树屏，起到空间围合的作用。

列植树构景比较规整、大气，常适用于规则式种植环境中，自然式种植环境中可局部使用。因此列植树适宜选择树冠整齐、枝干茂密的树种，较常用的乔灌木包括油松、圆柏、银杏、槐树、白蜡、元宝枫、毛白杨、加杨、栾树、丁香、红瑞木、小叶黄杨、海棠、玫瑰、木槿、刺枚、水蜡等。

列植多用于建筑、道路（公路、铁路和城市街道）、规则式广场和公园、英雄纪念碑、水池与林带等地，并以道路作为典型，常作为行道树使用。其中株距与行距会影响其呈现效果，可将列植划分为等行等距与等行不等距两种栽种类型，具体形式见表3-2-12。

（4）丛植

丛植通常是由二株到十几株的乔木或乔、灌

列植树的栽植类型 表3-2-12

栽种形式	特点	图示
行植	行植是行道树和绿篱的主要种植形式，通常分为单行或双行，也有多行种植形式。行植适宜的株行距一般为：大乔木5~8m；小乔木3~5m；大灌木2~3m；小灌木1~2m	
正方形栽植	按方格网在交叉点种植，株行距相等	
长方形栽植	是正方形栽植的变形，不同的是行距大于株距	
环植	按一定株距把树木栽为圆环的一种方式。可以是一个圆环，也可以是半个圆环或多重圆环	

（来源：根据相关资料整理绘制）

木组合，以距离不等的方式配置而形成整体树丛的栽植方式。丛植多用于自然式的种植环境中，因此对于植物的品种无固定要求，其大小、高度、姿态与色彩尽量富于变化。丛植主要分为单纯丛植与混合树丛植两种类型，它们受配植作用的影响，若是以庇荫为主的丛植，需选用树冠茂密的高大乔木，且不搭配小乔木或灌木；若以观赏为主的丛植，则可考虑乔木、灌木与草本植物混合配景。

具体而言，丛植主要分为以下几种组合方式：

1）两株树丛组合

通常情况下，两株树丛的组合一般选用同一树种，但鉴于树木配置构图上既要有协调又要有对比，因此在大小、形体与姿态上有所差异。两株树丛的行距应小于两个冠径的一半距离或小于小树的冠径，以构成一个整体（图3-2-15）。但也存在特殊情况，若虽属不同树种，但外观上类似则也可进行配植。

2）三株树丛组合

三株树种配植时应使用不超过两种树种，且三株同种、同大小、同高度的树种忌种植于同一直线上或呈等边三角形，若三株为同一树种，则注意在大小、姿态上以区别，可选择三株体量不同的树种，将最大株与最小株相邻栽种成一组，

同一树种 不同大小

不同树种 外形与大小相似

图3-2-15 两株树丛组合
（来源：自绘）

中等株成一组，构成2：1的组合方式，但两组丛植在动势上要有所呼应；若三株为不同树种，则需选用外观相似，但在体量与姿态上有所区别的树种，且虽为不同树种但最好同为乔木或灌木（图3-2-16）。

3）四株树丛组合

四株树种配植时可以选用一种或两种不同树种，但需同为乔木或灌木，若选用同一树种则注意在体量、高度、姿态、行距、栽种高度上有所区别；若选用两种不同树种，则应注意选择外形相似的树种，以保证构图的和谐。为同一树种，且大小、姿态相同时，忌成一直线栽种，也不得出现等边三角形或正方形这类等距的组合方式，

若四株为同一树种则可将3株不等距栽种成组，另一株则植远一些形成一组，构成3：1的组合方式，体量最大的树种应栽种于大组团中；若树种不同时，可选择三株或两株为同种，而不同种的树应选择大小适中的，且栽种时需和其他一种组合形成混交树丛，并且在组团内应处于较为中心的位置，确保丛植的协调统一性（图3-2-17、图3-2-18）。

4）五株树丛组合

五株树丛植在配置时应选用三种及以内的树种，且每株树种的体量、姿态、行距等都应有所区别，若五株都为同一树种，则最理想的分组方式为3：2或4：1，在3：2的分组方式中的栽种方式可参照三株树丛与两株树丛的组合方式；而在4：1的分组方式中，单独成组的树种应选中等大小的。若五株树为两个不同的树种，常见的组合方式为3：2与4：1，在3：2的分组方式中同一树种应配置一起成为组团，在4：1的分组方式中可以将四株树种不等距地栽种于四角上，形成不规则四边形并在中间种一株，或是分别不等距环绕栽种，形成不规则五边形（图3-2-19、图3-2-20）。

5）六株及以上树丛组合

树种株树越多，组合方式也就越复杂。简单概括可知孤植与二株树丛组合作为丛植配置的基

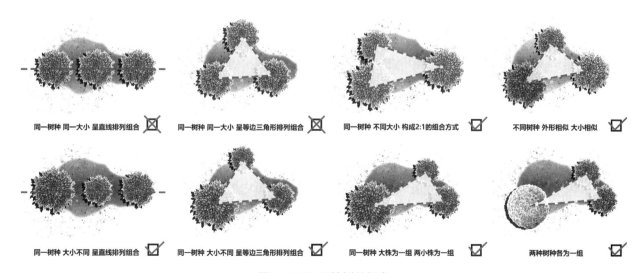

同一树种 同一大小 呈直线排列组合 ☒ 　 同一树种 同一大小 呈等边三角形排列组合 ☒ 　 同一树种 不同大小 构成2：1的组合方式 ☑ 　 不同树种 外形相似 大小相似 ☑

同一树种 大小不同 呈直线排列组合 ☑ 　 同一树种 大小不同 呈等边三角形排列组合 ☑ 　 同一树种 大株为一组 两小株为一组 ☑ 　 两种树种各为一组 ☑

图3-2-16 三株树丛组合
（来源：根据相关资料整理绘制）

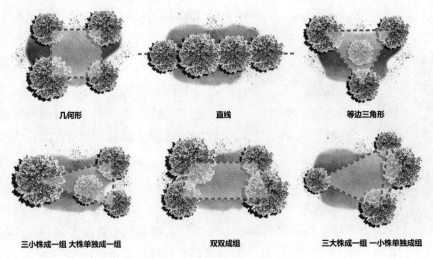

几何形　　　　　　　直线　　　　　　　等边三角形

三小株成一组 大株单独成一组　　　　双双成组　　　　三大株成一组 一小株单独成组

图3-2-17 四株同一树丛配置
（来源：根据相关资料整理绘制）

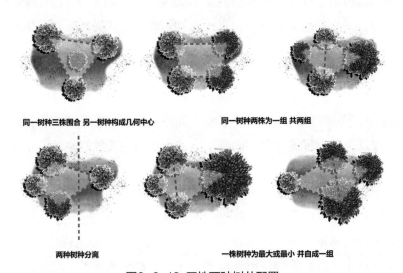

同一树种三株围合 另一树种构成几何中心　　　　同一树种两株为一组 共两组

两种树种分离　　　　　　　一株树种为最大或最小 并自成一组

图3-2-18 四株两种树丛配置
（来源：根据相关资料整理绘制）

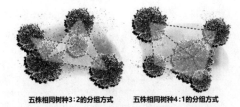

五株相同树种3：2的分组方式　　五株相同树种4：1的分组方式

图3-2-19 五株相同树种的分组方式
（来源：根据相关资料整理绘制）

五株不相同树种4：1的分组方式　　五株不相同树种3：2的梅花形分组方式　　五株不相同树种3：2的不等边五边形分组方式

图3-2-20 五株不相同树种的分组方式
（来源：根据相关资料整理绘制）

本单元，可在这基础上推导出三株是二株与一株的组合，四株是三株与一株的组合，五株为三株与二株的组合，《芥子园画谱》中说："五株既熟，则千株万株可以类推，交搭巧妙，在此转关。"[①]因此，掌握了五株的组合方式后能够进而推导出六株及以上的组合方式（表3-2-13）。

———————————
① 王概. 芥子园画谱[M]. 长春：吉林出版集团有限责任公司，2014.

六株以上树丛组合 表3-2-13

类型	组合方式	树种数量
六株树丛组合	4：2或5：1	三种及以内
七株树丛组合	5：2或4：3	四种及以内
八株树丛组合	5：3或6：2	四种及以内
九株树丛组合	6：3或5：4或7：2	四种及以内

（来源：根据相关资料整理绘制）

一般情况下，十五株以下的外形相差太大的树种，需控制在五种及以内，外形相似的前提下可适量增加。

（5）群植

群植是指以一两种乔木为主体，与数种乔木和灌木搭配，组成较大面积树木群体的栽植方式。这种组合类型也被称为树群（图3-2-21）。一般情况下，树群主要分布于开阔的场地中，如大草坪、林中空地、水中小岛，其突出的群体美，起到景观构图的作用，但树群的规模不宜太大，主要景观界面的前方需要预留出足够的空地便于游人欣赏（至少为树群高度的四倍、树宽度的1.5倍以上距离）；组成树群的树木数量一般在20～30株以上，树种在规格、姿态、颜色上要有差别，而树种的类型也不宜过多，总体控制在10种以内，可选取1～2种骨干树、并以一定数量的乔木与灌木配景；树群的组合通常在场地中央布置高大常绿的乔木，亚乔外围环绕亚乔木，大灌木、小灌木种植于外缘，要构成不等边三角

形，切忌成行、行排、成带地栽植；在搭配过程中要充分考虑生态学原理，保证植物群落的稳定性，如可将阳性落叶乔木作为上层，耐半阴的常绿树种作为二层，耐阴的灌木、地被作为三层。（图3-2-21、表3-2-14）

（6）林植

凡成片、成块大量栽植乔木、灌木，构成林地和森林景观的称为林植，也叫树林。这是将森林学、造林学的概念与技术按照园林的要求引入自然风景区、休憩区、疗养区与防护林带建设中的一种植物配置方式。按树种栽种的密度可分为密林与疏林两种类型。

密林的郁闭度较高，通常为70%～100%，遮阴的效果好，所以土壤的湿度较大，地被的含水量大，不经践踏，因此密林通常不设游人路线。

疏林的郁闭度为40%～60%，常与草坪地被结合，因此被称为草地疏林。疏林可谓是园林中应用率最高的一种形式，因此疏林中的树种需具有较强的观赏性，树冠开展、姿态优美、枝叶

图3-2-21 纽约植物园的本土植物园树群
（来源：根据相关资料整理绘制）

群植（树群）类型 表3-2-14

类型		特点	图示
单纯树群		一种树木组成，可应用宿根花卉作为地被植物	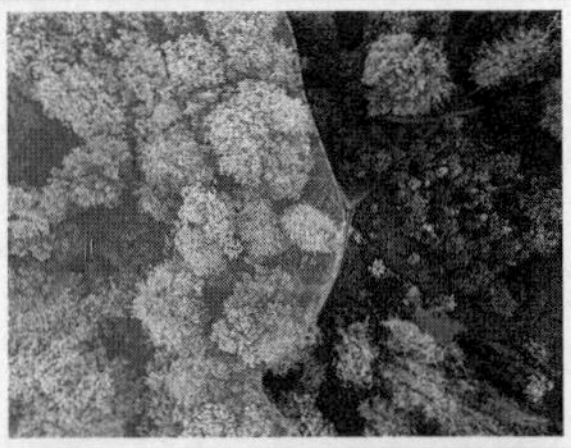
混交树群	乔木层①	树冠的姿态要特别丰富，使整个树群的天际线富于变化	
	亚乔木层②	选用开花繁茂，或具有美丽叶色的植物	
	大、小灌木层③	以花木为主	
	多年生本草④	以多年生野生花卉为主，树群下的土面不能暴露	

（来源：根据相关资料整理绘制）

舒展，花色与叶色相对丰富，建议使用常绿树与落叶树搭配，如合欢、樱花、银杏等，林下草地应选择耐践踏的草种，以利于游人活动。

栽种时注意株行距一般控制在10~20m，最小株行距不得小于成年树的树冠直径（表3-2-15、图3-2-22）。

林植类型 表3-2-15

类型	单纯密林	混交密林
特点	由一个树种组成，树种构成单一，具有气魄雄伟、壮阔简洁之美，但缺乏垂直郁闭景观和丰富的季相变化	大乔木、小乔木、大灌木、小灌木、草本植物各自根据自己生态要求和彼此相互依存的条件形成不同的层次
常用方式	常通过异龄树苗与起伏的地形，使林冠线断续起伏，以丰富树林的立面变化；林下配置一些开花华丽的耐阴的多年生草本花卉，且郁闭度以70%~80%为宜	在供游人观赏的林缘和路边，采用复层混交形成垂直郁闭的分层景观，供人欣赏；或布置单纯大乔木以留出一定的风景透视线；还可设置小型的草地或铺装场地以及简单的休息设施，供游人集散和休息
图示		

（来源：根据相关资料整理绘制）

图3-2-22 疏林景观
（来源：自摄）

3.3 水景设计

"水，活物也"，（郭熙《林泉高致》）"水为陆之眼。"（陈从周《说园（四）》）造园必须有水，无水难以成园。[1]可见，水对于造景的重要性。由于水体的形态多样，进而可营造出丰富的景观形式，起到不同的景观效应，大体上可将水景设计分为静态与动态两大类（表3-3-1）。

3.3.1 静态水景设计

静态水景一般是指园林中成片状汇集的水面，水体保持相对的静止状态，简称静水，常以湖、塘、池等形式出现。[2]现代景观设计中的静态水景设计主要依托水池设计实现，重点关注其平面形式的变化，常见的城市静态水景可分为自然式与规则式两种。

（1）自然式静态水景

自然式静态水景是对天然湖泊景观特征的模仿与再现，平面曲折有秩，岸形宽窄不一，呈自由曲线式变化。自然式静水的形状、大小与设计方法会受到建造工艺、地形和土质条件等因素的影响，因而要根据环境空间的大小进行适应性设计：

水景类型   表3-3-1

序号	分类方式	类型	特性
1	按水体形式分类	自然式水景	岸形态曲折、赋予自然变化的水体，以湖泊、池塘、河流和自然式瀑布为主
		规则式水景	岸线轮廓均为几何形，水体讲究对称，秩序感强，以水池、瀑布、运河和碧泉为主
		混合式水景	为自然式与规则式的结合，主体选用规则式的岸形，局部使用自然式水体打破人工僵硬的线条感
2	按水体使用功能分类	供观赏水景	一般面积较小，多为动态水
		供活动水景	一般面积较大，水深度适宜，多为静止水，以游泳池、人工湖为主
3	按水体状态分类	静态水景	水面平静，以湖、池、潭为主
		动态水景	流动状的水体，变化多端，以跌水、瀑布、喷泉为主

（来源：福州大学地域建筑与环境艺术研究所绘制）

---

[1] 章采烈. 论中国园林的理水艺术[J]. 上海大学学报（社会科学版），1991（3）：6.

[2] 张馨文，高慧. 园林水景设计[M]. 北京：化学工业出版社，2015：31-32.

1）自然式水池

小型自然式水池常设置于庭院景观中（图3-3-1），常配以山石、花木打造幽美僻静的人工自然风光，若池中养鱼植莲则别有一番风味。但切忌点缀过多，易落俗而失意境。

2）狭长形水池

狭长形水池水际线灵活多变，池中可设桥或汀步，转折处设小景、置石或植树，但需注意曲线变化程度以及某一段中的宽窄变化（图3-3-2）。

（2）规则式静态水景

规则式静态水景一般包括在几何学上有着对称轴线的规则水池以及没有对称轴线但形状规整的非对称式水池。规则式水池多设置于规则式庭园中、城市广场中心及建筑物前方或室内大厅，可作为地坪铺装的重要部分，并成为景观视觉轴线上的一种重要点缀物或关联体。而具体的规则式静态水景设计可分为以下几种：

1）下沉式水池

下沉式水池是指池底标高低于地面标高的一种水景设计形式，四周地势较高从而限定出一个范围明确的低空间（图3-3-3）。

2）台地式水池

台地式水池常受到地形高差的影响，因地制宜，借势设池，形成多级水景，为塑造景观空间结构起到重要作用（图3-3-4）。台地式水池常沿

图3-3-1 小型自然式水池

（来源：陈强，李涛，等，《公园城市：城市公园景观设计与改造》）

图3-3-2 狭长形水池

（来源：自摄）

图3-3-3 下沉式水池
（来源：刘娜，《景观小品设计》）

图3-3-4 台地式水池
（来源：王向荣，林菁，《西方现代景观设计的理论与实践》）

场地轴线布置或点缀在轴线末端，在重要轴线上起到起承转合的作用，且两侧常对称布置阶梯、平台或栽种树木、植篱，具有强烈的秩序感，若设置于多级分层中会产生强烈的纵深感，较为出名的台地式水池位于埃斯特庄园中，水体顺地势而下，最终汇集在低层台地形成静水池。

3）溢流式水池

溢流式水池多呈现圆形、直线形或斜坡形等几种处理形式，其相较于前几种类型更具流动性，与动态水景形式相似，指水从池边平滑地流入池中，较为著名的溢流式水池位于伊斯兰庭园中，在堰口处进行巧妙处理后形成独特的落水效果（图3-3-5）。

4）平满式水池

平满式水池水面与地面平行，具有较好的亲水性，蓄存效果好，且多设于面积较大的场地中，营造静谧平和的空间氛围，也可结合植物、景石局部设置，增加平面空间的层次感。水池周边可栽种两三株枝干茂密但不易落叶的常绿阔叶树，以形成较好的倒影效果。若结合建筑空间设置能够突显建筑空间的独特魅力（图3-3-6）。

3.3.2 动态水景设计

动态作为水体特有的物理属性，是其他景观物质难以替代的。动态水景是由各种组件以不同的方式组合构成的，可笼统地分为水口、路径和

图3-3-5 溢流式水池
（来源：朱钧珍，《园林理水艺术》，P39）

图3-3-6 平满式水池
（来源：自摄）

承载这三个条件。[①]水口是动态水体的开始，但是效果却决定了动态水景的水体形式，如瀑布的造型可以通过不同的水口来设置；路径是指规范水体流动过程的部分，像溪流、壁流、叠水等这样的动态水景，主要欣赏它们的路径部分；从水口流出的水体，经过动态路径，最后注入承载水体的部分。水池则为最主要的一种[②]。受三种构成因素的影响，常见的动态水景设计主要以流水、落水和喷泉为主。

（1）流水

流水是连续的带状动态水体，在城市中的流水以仿自然的溪流应用最为广泛，并常与较为平

---

① 田园. 园林动态水景[M]. 沈阳：辽宁科学技术出版社，2003.

② 陈莉. 动态水景在景观设计中的艺术表现及运用[J]. 大众文艺，2010.

缓的斜坡或瀑布等水景相连，如今也出现一些突破传统流水框架，将流水与构筑物结合进行设计的做法，更具有个性与表现力。

流水有急缓、深浅之分，也有流量、流速、幅度大小之分，而这些特性都与其流带、坡度、槽沟的大小，以及槽沟底部与边缘的性质有关，若槽沟的宽度与深度固定，质地较为平滑，流水则较为平缓，这样的流水景观适合设置于宁静悠闲的景观环境中；若槽沟的宽度、深度及底部坡度富于起伏变化，或质地较为粗糙，流水则易形成漩涡。流水设计多仿自然的河川，形状一般采用"S"形或"Z"形，这样的形状能够保证曲口及弯度更贴近自然状态（图3-3-7）。

（2）落水

落水是利用自然水或人工水汇集一处，使水流从高处跌落而形成的垂直水景观。[①]落水主要利用水位高差的变化而成为设计的焦点，根据其形式与状态可分为瀑布、叠水、溢流、泻流、管流、滚槛、壁泉等多种形式（表3-3-2、图3-3-8～图3-3-14）。

1）瀑布

瀑布有天然瀑布和人工瀑布之分。天然瀑布是由于河床突然陡降形成落水高差，水经陡坎跌落而形成千姿百态的落水景观；人工瀑布仿天然瀑布大小、比例与形式，通过工程手段而营造的水景景观（表3-3-3、图3-3-15）。

图3-3-7 流水实景图
（来源：自摄）

落水类型 表3-3-2

类型	特性
瀑布	水经陡坎跌落而形成的景观，大体上分为天然瀑布与人工瀑布
叠水	指水流呈台阶状连续流出突然下落的水态，相较于瀑布更强调有规律的阶梯式落水形式
溢流	溢流的形态往往取决于水池或者容器的大小和形状，且溢流的水多以近似垂直的角度落下
泻流	降低水压后，借助构筑物的设计点点滴滴滴泻下水流，而形成细碎的音响效果
管流	水从管状物中流出，在现代园林中则以水泥管为载体，组成丰富多样的管流水景
滚槛	水越过水下的横石，翻滚而下的一种急流状态，可分为直墙式与斜坡式两种
壁泉	水从墙壁上顺流而下形成，可分为墙壁型、山石型与植物型

（来源：根据相关资料整理绘制）

---

① 郝鸥，陈伯超，谢占宇. 景观规划设计原理[M]. 武汉：华中科技大学出版社，2013：222.

图3-3-8 瀑布
（来源：刘娜，《景观小品设计》）

图3-3-9 叠水
（来源：郭春华，周厚高，欧阳秀明，《水景设计》，P142）

图3-3-10 溢流
（来源：刘娜，《景观小品设计》）

图3-3-11 泻流
（来源：朱钧珍，《园林理水艺术》，P42）

图3-3-12 管流
（来源：朱钧珍，《园林理水艺术》）

图3-3-13 滚槛
（来源：网络）

图3-3-14 壁泉
（来源：郭春华，周厚高，欧阳秀明，《水景设计》，P140）

瀑布主要形式　　　　　　　　　　　　　　　　　　　　　　　　表3-3-3

类型	特性	适用场合
自然式瀑布	其形式模仿河床陡坎跌落形式，可分为面形与线形两大类	多用于突出自然景观与情趣的环境中
规则式瀑布	其形式强调落水的规则与秩序性，落水口规整，瀑面平滑，多为一级或多级跌落式，且蓄水池也多为规则式	多用于较为规整的人工建筑环境中
斜坡式瀑布	其形式源于规则式瀑布，落水由斜面花落	多适用于较为安静平和的场所

（来源：福州大学地域建筑与环境艺术研究所绘制）

a）自然式瀑布　　　　　　　b）规则式瀑布　　　　　　　c）斜坡式瀑布

图3-3-15 瀑布主要形式实景图
（来源：郭春华，周厚高，欧阳秀明，《水景设计》，P140）

一个完整的瀑布一般是由背景、上游水源、瀑布口（落水口）、瀑身、承瀑潭和溪流六部分构成（图3-3-16）。瀑身的形式决定了瀑布落水的形式，常见的落水形式包括：泪落、线落、布落、离落、丝落、段落、扯落、二层落、对落、片落、重落、分落、帘落、滑落和乱落等（图3-3-17）。

2）叠水

叠水是非常有规律的阶梯式落水形式，又可称为跌水，叠水的外形像一道道楼梯，其构筑的方式与瀑布基本一样，但它所使用的材料更为规整，如砖块、混凝土、厚石板、条形石板或铺路石板等；叠水按层数可分为单叠、三叠、五叠和多叠等；按结构可分为陡叠水、坡叠水与平缓叠水等（图3-3-18）。

（3）喷泉

天然喷泉与人造喷泉是有区别的，天然喷泉

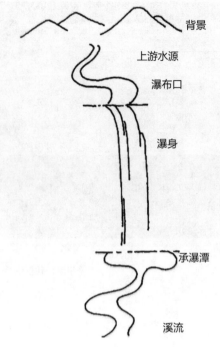

图3-3-16 完整的瀑布组成部分
（图片来源：郝鸥，《景观规划设计原理》，P226）

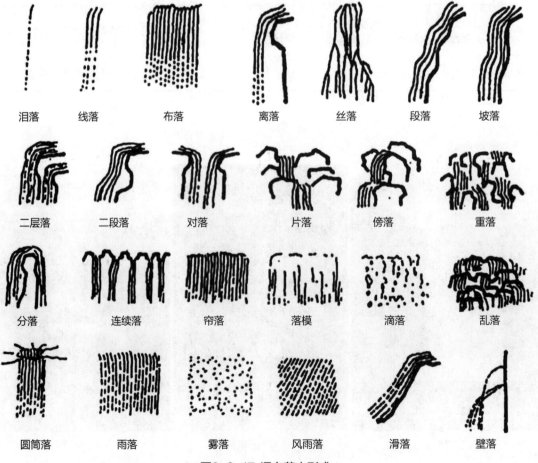

图3-3-17 瀑布落水形式
（图片来源：郝鸥，《景观规划设计原理》，P226）

a）陡叠水

b）厚石板叠水

图3-3-18 叠水实景图
（来源：刘娜，《景观小品设计》，P69）

的水源大都是地下水，而且喷发状态是不经过人控制的。地理位置、地质条件、时令季节、地表植被覆盖程度、地面温度都是影响天然喷泉喷发状态的因素。由于科学技术的进步与应用，喷泉渐渐演化成为具有装饰性的景观，出现了各种各样造型多变的喷泉。用来喷射优美水柱的喷泉在城市中也不是孤立存在的，它一般都是作为园林构图的中心，形成一个小的视觉焦点，与周围的景观要素结合在一起形成丰富的景观（表3-3-4、表3-3-5、图3-3-19～图3-3-24）。

喷泉基本分类 表3-3-4

类型	特性
喷水造型式	较为常见的类型，展现喷头在水中或水面喷出的水姿效果
瀑布水帘式	像瀑布落水方式那样的喷泉，喷头一般安装于建筑物的高处向下喷射，多用于玻璃墙面或空间分隔处而形成水帘的效果
雕塑造型式	与雕塑等造型物进行组合的喷泉形式，可用于装饰或进行主题的营建
声控喷泉式	用声音或音响来控制喷泉的喷水高度和造型变化，包括大型的音乐喷泉

（来源：福州大学地域建筑与环境艺术研究所绘制）

喷泉的射流方式 表3-3-5

类型	特性
单孔式喷泉景观	直射型喷泉造景，可分为单线喷、组合喷、面壁喷及喷柱
喷雾式喷泉景观	常用于植物保养的需要，往往与气象结合产生独特的景象
冒泡式喷泉景观	水由下向上冒出，含空气喷上来，但不作高喷，形成奔涌不息的景观效果
水幕电影景观	通过高压水泵和特质水幕发生器，将水自上而下高速喷出，雾化后形成扇形"银幕"，由专用放映机将特质的录影带投射到"银幕"上
光亮喷泉景观	光亮喷泉是一种高科技水景艺术，也叫跳跳喷泉，若是一对跳跳泉可以实现对跳、中对跳、短对跳和错位跳
程控喷泉景观	利用计算机运行程序发出控制水型、灯光

（来源：福州大学地域建筑与环境艺术研究所绘制）

图3-3-19 单孔式喷泉景观
（来源：网络）

图3-3-20 喷雾式喷泉景观
（来源：朱钧珍，《园林理水艺术》，P27）

图3-3-21 冒泡式喷泉景观
（来源：自摄）

图3-3-22 水幕电影景观
（来源：网络）

图3-3-23 光亮喷泉景观
（来源：网络）

图3-3-24 程控喷泉景观
（来源：刘娜，《景观小品设计》，P65）

3.3.3 驳岸的类型与设计

营建各种水体都需要有稳定、美观的岸线，尤其较大的人工水域更应该重视岸线的自然与稳固，并突出陆地与水面之间的比例关系。为防止水岸坍塌影响水体，应在水体的边缘修筑驳岸或进行护坡处理。在我国城市河道景观的改造中驳岸主要采取以下三种模式[①]：

① 张谊. 论城市水景的生态驳岸处理[J]. 中国园林，2003，19（1）：3.

（1）立式驳岸

这种驳岸一般用在水面和陆地的平面差距很大或水面涨落高差较大的水域，或者因建筑面积受限没有充分的空间而不得不建的驳岸，如巴黎、上海、青岛都是采用的这种方式（图3-3-25）。

（2）斜式驳岸

这种驳岸相对于直立式驳岸来说容易使人接触到水面，从安全方面来讲也比较理想，但适于这种驳岸设计的地方必须有足够的空间（图3-3-26）。

（3）阶式驳岸

对比之前两种驳岸这种驳岸让人很容易接触到水，但它很容易给人一种单调的人工化感觉，且驻足的地方是平面式的，容易积水，不安全，且它忽视了人在水边的感受（图3-3-27）。

上述驳岸让人看到的是被禁锢在水泥槽中的人工水而不是自然的活水。对于那些已被大规模的河道整治工程破坏了的自然河道，有许多国家已经认识到了其弊病和隐患，开始大力推广自然河道恢复及生态治理与工程措施相结合的方法，因此常见的生态驳岸主要有以下几种：

（1）自然原型驳岸

对于坡度缓或腹地大的河段可以考虑保持自然状态，配合植物种植达到稳定河岸的目的，如种植柳树、水杨、白杨、榛树、芦苇、菖蒲等具有喜水特性的植物，由它们生长舒展的发达根系来稳固堤岸，加之其枝叶柔韧，顺应水流，增加抗洪护堤的能力（图3-3-28）。

（2）自然型驳岸

对于较陡的坡岸或冲蚀较严重的地段，不仅

图3-3-25 立式驳岸
（来源：陈强，李涛，等，《公园城市：城市公园景观设计与改造》）

图3-3-26 斜式驳岸
（来源：度本图书，《艺术+景观》）

图3-3-27 阶式驳岸
（来源：自摄）

图3-3-28 自然原型驳岸
（来源：自摄）

种植植被，还采用天然石材、木材护底，以增强堤岸抗洪能力，如在坡脚采用石笼、木桩或浆砌石块，设有鱼巢等护底，其上筑有一定坡度的土堤，斜坡种植植被，实行乔灌草相结合，固堤护岸（图3-3-29）。

（3）台阶式人工自然驳岸

对于防洪要求较高，而且腹地较小的河段，在必须建造重力式挡土墙时，要采取台阶式的分层处理，在自然型护堤的基础上，再用钢筋混凝土等材料确保大的抗洪能力，如将钢筋混凝土柱

图3-3-29 自然型驳岸
（来源：自摄）

图3-3-30 台阶式人工自然驳岸
（来源：佳图文化，《城市生态景观》）

或耐水原木制成梯形箱状框架，投入大的石块或插入不同直径的混凝土管形成很深的鱼巢，再在箱状框架内埋入大柳枝、水杨枝等，邻水则种植芦苇与菖蒲等水生植物，使其在缝中生长出繁茂、葱绿的草木（图3-3-30）。

3.4 景观小品设计

著名的建筑大师密斯曾经说过："建筑的生命在于细部。"作为体量较小的景观小品也同样影响着景观环境形象。从"园林小品"或"园林建筑小品"到"景观小品"的称谓演化过程中，诸多的学者从不同的角度对小品进行了不同的分类（表3-4-1），其涵盖的所有对象基本相同。针对现代景观的研究方向，根据城市景观构成要素不同的层面与环境设施的关系，把景观小品分为休憩小品设计、游乐小品设计、导向标识小品设计、装饰小品设计、照明小品设计这五类。

3.4.1 休憩小品设计

休憩小品主要由桌、椅、凳、凉亭、休息长廊等构成，是景观环境中常见的设施，主要设置于街道两侧、广场、公园、小区等易吸引行人聚集休息的场所。在休憩小品中利用率最高的为椅凳，因而许多空间环境氛围的营造往往围绕椅凳形成[1]，椅凳在景观环境中有着特殊的意义。

（1）公共椅凳

依据人们休憩的姿势可将公共椅凳分为靠具、坐具和卧具三种。靠具主要通过臀部作为支撑关键点，将人体上身的一部分重量转移到休憩设施上，常适用于狭小的空间以及周转频率高的场所，如地铁、公车车厢直立扶手杆的乘客倚靠结构（图3-4-1）。

户外坐具指"城市器具"中与人体直接接触，起着支撑人体的人造设施[2]，高度一般控制在

不同学者对于景观小品划分　　　　　　　　　　　　　　　　表3-4-1

序号	研究人员	具体内容
1	周长亮（2011）	供休息类、装饰性类、结合照明类、展示类、服务类
2	吴婕（2013）	道路交通类、构筑物类、自然景致类、城市家具类、游乐系统类
3	武文婷（2013）	艺术性景观小品、功能性景观小品
4	徐坚（2014）	装饰性园林小品、水景小品、围合与阻拦小品、功能性园林小品

（来源：福州大学地域建筑与环境艺术研究所绘制）

---

[1] 钟蕾，罗京艳. 城市公共环境设施设计[M]. 北京：中国建筑工业出版社，2011：166.

[2] 邓伟平. 户外坐具形态设计研究[D]. 南昌：江西师范大学，2013.

38～41cm，以适应人体脚部到膝关节的距离，有靠背的坐具则长约为35～40cm。从塑造城市形象个性和文化的视角出发，如今的户外坐具还结合一些路障、护栏、树池、花坛、景观石与雕塑进行设计，因此其高度、宽度等尺度更为灵活（图3-4-2、图3-4-3）。

卧具则是将身体重量平分到全身后传递到休憩设施上，可最大程度放松全身。其座面一般较为平坦，且宽度≥40cm，以满足人们卧、躺的需要，由于所需空间较大，因而常设置于人流稀疏的开敞空间（图3-4-4）。

（2）公共休息亭、廊

公共休息亭、廊是根据其形式特点而被单独划分出来的空间[1]，不仅能为人们提供休息、交

图3-4-1 Fatemeh Bateni设计的创意站立式地铁座椅
（来源：网络）

图3-4-2 实现坐姿的系列高度示意图
（来源：邓伟平，《户外生具形态设计研究》）

图3-4-3 与景观环境相结合的户外坐具
（来源：自摄）

---

① 张婷，苗广娜. 公共设施造型开发设计[M]. 南京：东南大学出版社，2014：145.

图3-4-4 户外卧具效果
（来源：度本图书，《艺术+景观》）

往、观赏和遮阳庇荫等使用功能，还在整个景观环境构成中起到连接和美化环境的作用。亭的形式十分丰富，且相较于建筑更为灵活，一般是由柱支撑顶棚，外形多为正多边形、不等边形、曲边形、半亭形、双亭形等，并不断出现一些特殊的组合形式（图3-4-5）。

廊多为亭的延伸部分，在空间中的布局形式相对自由，且具有较强的导向性，可以说是连接各个景观空间的纽带，一般可分为直廊、曲廊、折廊等。如今，亭与廊的材料也倾向使用经久耐用的不锈钢、铝合金、塑料与合成玻璃等，因此也常作为拥有较强功能性的艺术装饰元素出现于现代环境景观中（图3-4-6）。

休憩设施通过不同形式的排列布局和数量组合，能够满足人们多种休闲社交方式，并且通过与树池、垃圾箱等其他装置组合形成的复合形态的休憩设施不仅便于人们的日常行为习惯，还能使景观环境更具统一性（图3-4-7）。

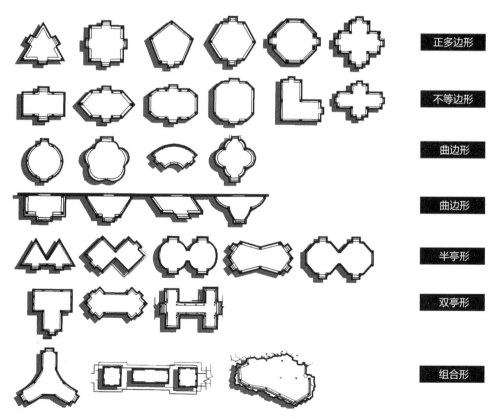

正多边形
不等边形
曲边形
曲边形
半亭形
双亭形
组合形

图3-4-5 亭子平面形式
（来源：吴婕，《城市景观小品设计》）

图3-4-6 折廊、直廊、曲廊
（来源：网络）

单体形
一般包括如路障、木墩、路灯等一系列兼用型公共座椅

独立存在或设施间距过大时，交流困难，形成一方站立

当设施间隔小于1.3m平行排列时，可以形成两人的交流

当设施间隔小于1.3m时矩阵排列时，可以满足多种组合方式的交流

外围形
围绕其他环境元素布置的座椅

相当于四个长椅组合，各个方向的交流互不干扰

相当于四个长椅组合，各个方向的交流互不干扰

直线形
一般的长椅或线形的建筑型公共座椅

适合3人以下的交流，人数过多则可能交流困难或形成站立

相向布置利于交流，距离不超过1.3m，中间可放置桌子

复合形
各种类型的公共座椅组合在一起

灵活多变，适宜满足多种人群的需求，丰富了城市空间

成角形
布置在空间角落的休憩设施或成角布置的座椅

形成角度，利于交流，即使有站立也不会影响交通

多角度的变化适合各种不同社交活动需要，同时变化的休憩设施布局丰富了空间形态

阶梯形

适合多对一的交流方式，但随距离的增加或角度的便宜，互动效果逐步减弱，跨层小群体需要转头才能顺利交流

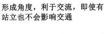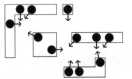

图3-4-7 休憩设施的布局形式
（来源：吴婕，《城市景观小品设计》）

3.4.2 游乐小品设计

在现代景观环境中，游乐小品满足人们休闲、娱乐的需求，使人们的生活质量得以提高，尤其在公园及居住区景观环境中，游乐小品起到了十分积极的作用，而针对不同使用对象和设置要求，游乐小品的种类愈加丰富，如游戏小品、娱乐小品、健身小品等。

（1）游戏小品

游戏小品主要指针对学龄前后的儿童设置，在结构、材料与造型方面需要满足儿童的使用半径、体重及身体尺度，确保使用时的安全，因此其尺度与规模较小且形式简单。儿童平均身高可按公式"年龄×5+75cm"计算得出：1~3周岁幼儿约75~90cm；4~6周岁学龄前儿童约95~105cm；7~14周岁学龄儿童约110~145cm，[①]通过儿童动作与器械的比例关系，可以作为确定器械尺寸的参考（图3-4-8）。

这类小品常设置于幼儿园、学校、居住区和儿童游乐场中，主要包括游戏墙、攀登架、滑梯和沙坑等（表3-4-2、图3-4-9）。

---

① 吴婕. 城市景观小品设计[M]. 北京：北京大学出版社，2013：150-155.

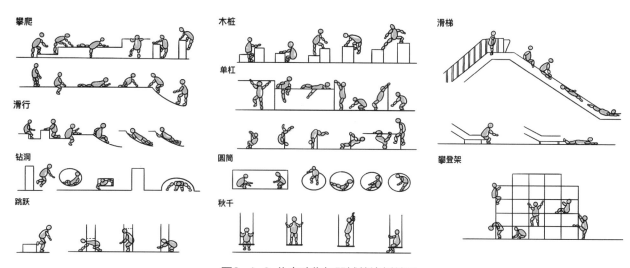

图3-4-8 儿童动作与器械的比例关系
（来源：吴婕，《城市景观小品设计》）

常见的游戏小品类型   表3-4-2

类型	游戏墙	攀登架	滑梯	沙坑
特性	高度≤1.2m，设置了形状不同的孔洞，可供儿童钻、爬与攀登；跨越用墙体厚度为15cm，骑乘用墙体厚度为20～35cm	每段0.5～0.6m，由4～5段组成框架，总高约2.5m；可设计成梯字形、圆柱形等	宽度约为40cm，两侧立缘为18cm，标准的倾角为30°～50°；造型上结合坡度有曲线形、波浪形、螺旋形等样式	适宜深度为30～45cm，可在四周用木制或橡胶缘石加固，通常为10～15cm，防止沙土流失

（来源：根据相关资料整理绘制）

图3-4-9 儿童游乐设施
（来源：自摄）

（2）娱乐小品

娱乐小品可分为观光类与娱乐类，观光类多指为人们在观赏过程中提供便利的运载工具，如空中吊篮、缆车等；娱乐类则是为人们提供娱乐的玩具与器械，丰富活动参与形式，如旋转木马、碰碰车等运行器械或下滑器械（图3-4-10）。

因其占地面积大、内容丰富，因此在规划布局时应结合相应的场所环境布局，在保证安全性与便捷性的基础上，减少对于周边环境景观的干扰。

（3）健身小品

健身小品为人们提供露天锻炼身体的条件，它具有占地面积小、运动幅度适宜、老少皆宜的

图3-4-10 大众娱乐设施
（来源：自摄）

特点，常设置于体育场、居住区、办公区、校园与城市绿地中。近年来，社区公园中老年人成为主要活动人群，以老年群体为研究对象的相关设计可谓层出不穷，但都需注意以下几点：1）在色彩上，选择偏暖色系的颜色点缀于冷色系的器材主体，以便调动老年人的感知力；2）在材质上，抓手部位可选用天然木材或在外围套上一层橡胶材质；3）在造型上，删繁就简，选择稳重、结实的造型（图3-4-11），如"三角形"这类视觉稳定的构建语言，或采用视觉分割的方式，塑造上部纵向垂直聚拢，下部横向水平伸展的安稳视觉感受[①]；4）在结构上，紧密关联老年人机尺度数据，保证老年人群在使用过程中的舒适性与安全性（图3-4-12）；5）在布局上，考虑老年人具有群聚的特点，因此在设置上应注意功能组合，且在合理范围内就近设置休息区。

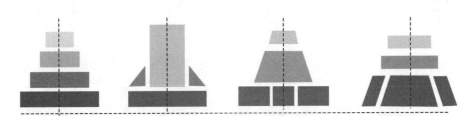

图3-4-11 视觉稳定形态
（来源：章业成，《基于行为特征的老年社区健身器材设计研究》）

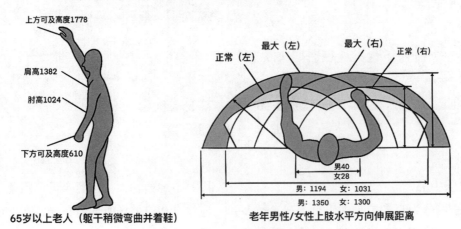

图3-4-12 相关老年群体尺寸
（来源：章业成，《基于行为特征的老年社区健身器材设计研究》）

① 章业成. 基于行为特征的老年社区健身器材设计研究[D]. 南京：南京理工大学，2016：59-64.

3.4.3 导向标识小品设计

在导向标识中，引导和标识是其最基本的功能，它能高效地指导人们在某一特定场所内进行活动。根据导向标识所传达的功能性可将其划分为地图类、引导类、说明类、名称类以及警示类这五类；若结合特定使用范围，如对景区而言，则可将其划分为指示标识、位置标识、图解标识与限制标识这四大类[①]（图3-4-13），而在复杂的景观空间中，导向标识的大小、位置、色彩和造型则会影响其识别的难易度。

（1）景区导向标识大小

景区导向标识的大小设定需要从以下几个方面考虑：1）标识图形与中英文字体的大小比例关系，一般情况下，中文是图标的三分之一，英文是图标的四分之一；2）导向标识与周围环境的协调关系；3）导向标识与视距关系（表3-4-3）；4）导向标识与移动速度的关系。

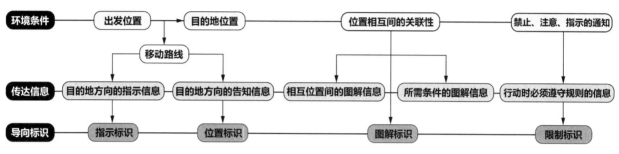

图3-4-13 景区导向标识设计构成
（来源：王瑾，《景区导向标识设计》）

不同视距相对应的导向标识尺寸设定　　　　表3-4-3

视距	标识图形的边长尺寸	中文字体高度	英文字体高度
40m	≥480mm	≥160mm	≥120mm
30m	≥360mm	≥120mm	≥90mm
20m	≥240mm	≥80mm	≥60mm
10m	≥120mm	≥40mm	≥30mm
5m	≥60mm	≥20mm	≥15mm
1m	≥35mm	≥9mm	≥7mm

（来源：根据王瑾《景区导向标识设计》一书整理）

[①] 王瑾. 景区导向标识设计[M]. 北京：人民邮电出版社，2014：29.

（2）景区导向标识位置

导向标识的高度与角度会直接影响到标识的可读性，当远距离观看导向标识时，人仰视的视线与水平线呈10°夹角时，为最佳视觉角度，若前方5m有行人遮挡，则导向标识的高度应设为2.5m，这样能够最大程度上看清导向标识（图3-4-14）；当近距离观看导向标识时，若人视线与水平线呈70°夹角，与导向标识距离1m，则导向标识的高度应设为1.35m，能在最大视线范围内看清导向标识（图3-4-15）。

（3）景区导向标识色彩

色彩作为旅游体验过程中一个基本组成部分，能够帮助游客快速识别游览路线、景区分布等导向要素。在选择导向标识色彩时首先需要明确目标对象，尽量与景区的自然与人文特色相适应；其次确定一个符合景区特色的主体色彩，考虑是否作为背景色或最大面积使用色彩，并合理使用色彩的配色法则确定配色方案，但切忌导向

标识设计中超过四种色相（图3-4-16）。

（4）景区导向标识造型

常用的景区导向标识造型主要分为单柱形、双柱形、倾斜形、地面形、墙壁形、箱式形，经过长期的发展与演变出现了抽象的几何形或模仿动植物形成的自然形态，又或是结合景区特色文化元素进行设计，以烘托园区主题氛围（图3-4-17）。

3.4.4 装饰小品设计

装饰小品是景观环境中重要的设计元素，由硬质与软质景观相结合设计而成，包括绿景、水景、景墙、雕塑等形式，在城市中起到美化环境、渲染气氛的作用。上文已经对绿景、水景等设计方式进行了详细分析，故本节就硬质景观中的景墙形式、环境雕塑类型及设计展开讨论。

（1）景墙设计

景墙在园林中起到分隔、围合、连接、引

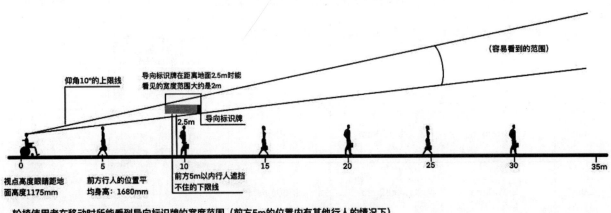

轮椅使用者在移动时所能看到导向标识牌的宽度范围（前方5m的位置内有其他行人的情况下）

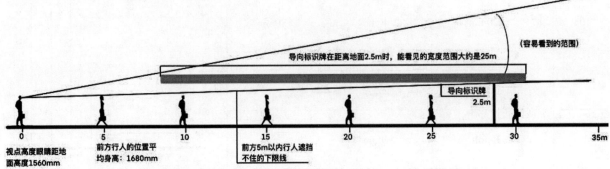

步行者在行走时所能看到导向标识牌的宽度范围（前方5m的位置内有其他行人的情况下）

图3-4-14 远处使用者所能看到的导向标识的宽度范围
（来源：王瑾，《景区导向标识设计》）

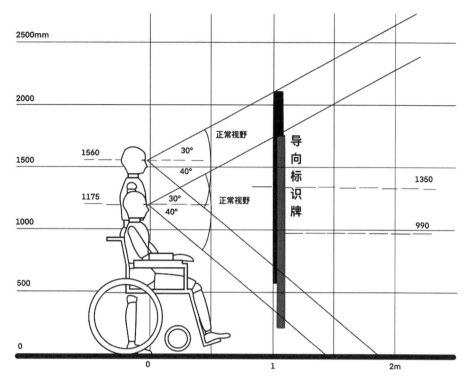

图3-4-15 近处使用者所能看到的导向标识的宽度范围
（来源：王瑾，《景区导向标识设计》）

图3-4-16 景区导向标识色彩选择
（来源：自摄）

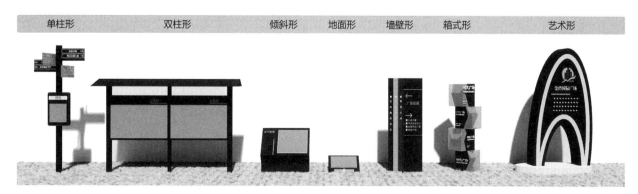

图3-4-17 不同景区导向标识造型
（来源：自绘）

导、延伸空间的作用，是景观环境中用于空间构图的重要元素。关于景墙的类型，《园冶》中将其划分为白粉墙、磨砖墙、漏砖墙和乱石墙[1]；《建筑设计资料集（第二版）》园林篇内，把墙按照材料分为：虎皮石墙、石墙、乱石墙、清水墙砖墙、混水墙砖墙、混合墙砖墙；按照造型特征分为：平顶直墙、云墙、龙墙、花格墙、花篱墙、影壁[2]。本节则基于景墙的多重作用，将景墙划分为四种不同类型（表3-4-4、图3-4-18～图3-4-23）。

景墙的类型及特征[3]　　　　　　　　　　　　　　表3-4-4

划分依据	类型	特征
按风格划分	古典式	多用于古典园林，墙头、墙身与形态各异的漏窗是其主要的特色
	现代式	多使用现代多元的材料与样式
	混合式	现代材料与古代形式相结合
按形态划分	直墙	竖向与水平面保持垂直，平面呈直线
	斜墙	具有挡土的作用，且能够在空间中打造动态感
	折墙	打造良好的空间层次，且有明显的指向性与导视性
	曲墙	空间过渡自然，能够给人以流动性、导向性与聚集性
按材料划分	砖石墙	稳定性强，且有良好的隔热性能
	金属墙	耐磨耐温，不易老化，质感优异
	玻璃墙	通透性强，轻巧美观
	水幕墙	成本低，宜远观，但需定期维护
按功能划分	围墙	起到防护、遮挡与维护私密性的作用
	挡土墙	用于景观中处理微地形时，兼具功能性与美学性
	标识墙	墙体有明显的指示性，多应用高科技材料与独特的施工工艺
	文化墙	展示当地独特的文化底蕴及风土人情，常作为立体宣传册使用

（来源：根据李磊《城市公园内不同空间类型的景墙营造方式研究》一文整理）

图3-4-18 砖石墙
（来源：自摄）

图3-4-19 玻璃墙
（来源：自摄）

① 计成，赵农. 园冶图说[M]. 济南：山东画报出版社，2003.

② 蔡吉安. 建筑设计资料集（第2版）[M]. 北京：中国建筑工业出版社，1994.

③ 李磊. 城市公园内不同空间类型的景墙营造方式研究[D]. 大连：大连工业大学，2013：25-28.

图3-4-20 水幕墙
（来源：刘娜，《景观小品设计》）

图3-4-21 挡土墙
（来源：自摄）

图3-4-22 标识墙
（来源：网络）

图3-4-23 文化墙
（来源：自摄）

景墙通过不同的组合、连接关系，以及自身形态的变化去完善空间，常见的组合配置方式可分为平行、相交、离散、并置、曲线与自由组合等[①]，它们相互联系，共同作用于景观空间（表3-4-5、图3-4-24）。

（2）雕塑设计

雕塑在景观环境中能丰富人们的生活空间，它能反映出地域特色文化与时代精神，能丰富人们的

精神生活。在景观环境中，雕塑设计常能够形成空间焦点，对于点缀烘托环境氛围有着重要作用。因此，在设计时需要对于周围环境特征、文化特色等有全面准确的理解，再确定雕塑形式、主题、材质、体量、色彩、位置等（表3-4-6）。一般情况下，雕塑的平面布置形式可分为规则式和自由式（图3-4-25），而雕塑的高度设定不仅要与周边环境协调，更要考虑到人的视距与视线角度的问题（图3-4-26）。

景墙的多种组合方式及适用空间　　　　　　　　　　表3-4-5

组合方式	分类	特征	适用空间类型
平行	彼此平行	它有很强的视觉引导性，空间划分明确	半私密空间
	错位平行	给人运动感，空间层次清晰	半私密空间

① 包剑宇. 墙的空间建构[D]. 重庆：重庆大学，2005：46-59.

续表

组合方式	分类	特征	适用空间类型
相交	"L"形	形成局部稳定的空间，易形成对景	半私密空间、过渡空间
	"U"形	有一定的空间围合感和向心型	半私密空间
	"十"形	空间与空间相互联系又彼此隔离	半私密空间
	"口"形	封闭性较强的围合空间，领域感、安全感强	私密空间
	"凹"形	外凸和内凹相结合可创造出连续的视景，符合人类在景观空间中接近与回避的心理模式	半私密空间、过渡空间
	"凸"形		半私密空间、过渡空间
离散		景墙之间张力产生的结果，使空间之间相互联系	半私密空间
并置		空间与空间彼此独立又相互联系	半私密空间
曲线		用以创造充满张力和动感的空间	半私密空间
自由组合		活化空间层次，一般作为景观中心存在	开放空间

（来源；根据包剑宇《墙的空间建构》一文整理）

图3-4-24 景墙的多种组合方式
（来源；包剑宇，《墙的空间结构》）

环境雕塑的类型及特征 表3-4-6

划分依据	类型	特征
艺术形式	具象雕塑	以写实和再现客观对象为主的雕塑
	抽象雕塑	以客观形式加以美观概括、简化或强化，并运用抽象符号加以组合，具有很强的视觉冲击力和现代意味
空间形式	圆雕	具有强烈的体积感和空间感，可以从不同角度进行观赏
	浮雕	介于圆雕和绘画之间的表现形式，它依附于特定的立体表面，一般只能从正面或侧面的观赏角度来观看
	透雕	在浮雕画面上保留有形象的部分，挖去衬底部分，形成有虚有实、虚实相间的雕塑，具有空间流通、光影变化丰富、形象清晰的特点

划分依据	类型	特征
功能形式	纪念性雕塑	以庄重、严肃的外观形象来纪念一些伟人和重大事件，一般都在环境景观中处于中心或主导的位置
	主题性雕塑	指在特定环境中，为表达某些主题而设置的雕塑，主题性雕塑与环境有机结合，能达到表达鲜明的环境主题的目的
	装饰性雕塑	在环境空间中起装饰、美化作用，以美化渲染为主要目的，强调环境中的视觉美感，与环境协调，成为环境的一个有机组成部分
	功能性雕塑	在具有装饰性美感的同时，又有不可替代的实用功能
材料形式	天然石材雕塑	用花岗石、砂石、大理石等石料制成的雕塑，多数有较好的耐候性与耐久性，色彩自然
	金属材料雕塑	以熔模浇铸和金属板锻造成型，包括青铜、铸铁、不锈钢、铝合金等材料
	人造石材雕塑	以混凝土为主的人工材料，造型简便，可模仿石材效果，但不易做永久性雕塑
	高分子材料雕塑	树脂塑形材料，成型方便、坚固、质轻、工艺简单，但造价高
	陶瓷材料雕塑	高温焙烧制品，光泽好，抗污性强，但易碎，体量较小

（来源：根据胡天君《公共艺术设施设计》一书整理）

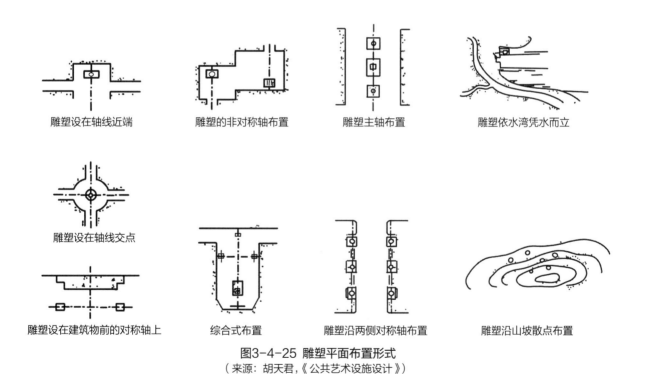

雕塑设在轴线近端　　雕塑的非对称轴布置　　雕塑主轴布置　　雕塑依水湾凭水而立

雕塑设在轴线交点

雕塑设在建筑物前的对称轴上　　综合式布置　　雕塑沿两侧对称轴布置　　雕塑沿山坡散点布置

图3-4-25 雕塑平面布置形式
（来源：胡天君，《公共艺术设施设计》）

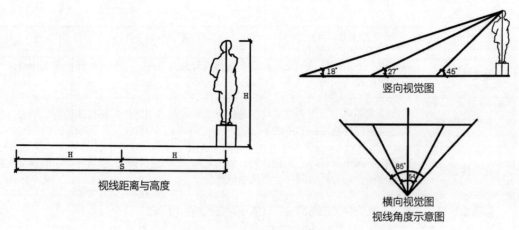

图3-4-26 雕塑与人的视距及视线角度关系
（来源：胡天君，《公共艺术设施设计》）

3.4.5 照明小品设计

照明小品主要是指用于各种活动场所和游览场所的夜间采光与装点环境的照明灯具，它强调的是功能性与装饰性的统一。[1]景观灯具类型多样，依照灯具的高度可以划分为高杆灯、道路灯、庭院灯、草坪灯、地埋灯和水底灯（表3-4-7）。

在进行照明小品设计时，需要注意景观环境与使用功能的需求，根据不同的环境来选择灯具的类型、尺寸，并注意使用合理的照明方式以及灯具的摆放位置（图3-4-27～图3-4-30），在提高视觉效果的同时，减少产生妨碍视觉的眩光，如高杆灯作为安全照明，其高度一般为4～12m，布置标准间距为10～50m；道路灯若用于道路宽度超过20m的道路、迎宾道路，考虑两侧对称布置；道路宽度超过15m，考虑两侧交错布置；较窄的道路可一侧布置；庭院灯高度一般为1～4m，间距为5～10m；草坪灯高度为0.3～1m，间隔为3～5m。

灯具类型、特征及适用场所　　　　　　　　表3-4-7

类型	特征	适用场所
高杆灯	采用强光源，光线均匀投射道路中央，利于车辆通行	公路、立交桥、停车场、港口、休闲广场
道路灯	改善交通条件，减轻驾驶员疲劳，并有利于提高道路通行能力和保证交通安全，一般间距为高度的12倍	在道路两侧对称布置、两侧交错布置、一侧布置和路中央悬挂布置等形式
庭院灯	外形优美，容易更换光源，具有美化和装饰环境的特点	城市慢车道、窄车道、居民小区、旅游景区、公园、广场、私家花园、庭院走廊等公共场所地道路或两侧
草坪灯	灯光柔和、外形小巧玲珑，充满自然意趣	景区、公园、广场、私家花园、庭院走廊等公共场所的道路
地埋灯	强化景观焦点，使景观更美，也使行人的通过安全性更高	镶嵌在地面上的照明设施，对地面、地上植物、雕塑等进行照明
水底灯	外观小而精致，如今普遍使用节能的LED灯	喷泉等水景空间

（来源：根据胡天君，《公共艺术设施设计》整理）

---

[1] 胡天君，景璟，等. 公共艺术设施设计[M]. 北京：中国建筑工业出版社，2012：126.

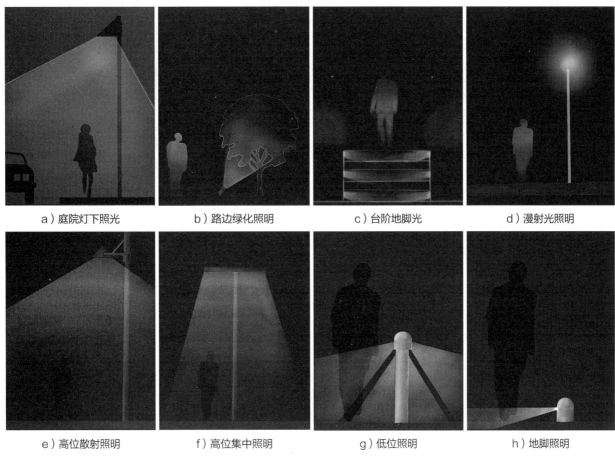

a）庭院灯下照光　　b）路边绿化照明　　c）台阶地脚光　　d）漫射光照明

e）高位散射照明　　f）高位集中照明　　g）低位照明　　h）地脚照明

图3-4-27 照明方式
（来源：改绘自吴婕《城市景观小品设计》）

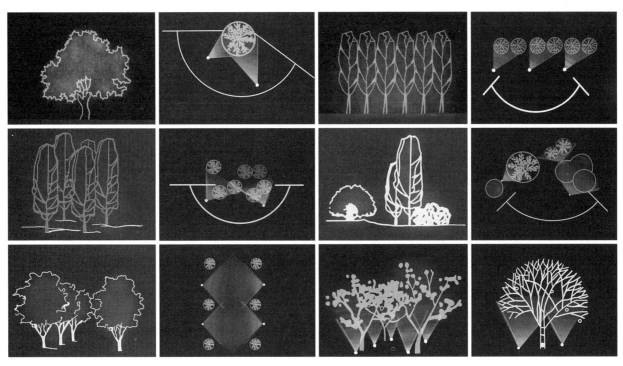

图3-4-28 植物照明灯位选择
（来源：改绘自吴婕《城市景观小品设计》）

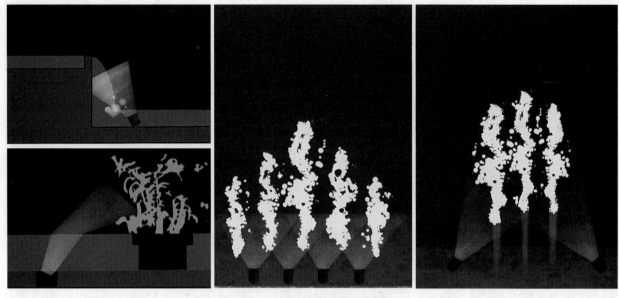

图3-4-29 水体照明灯位选择
（来源：改绘自吴婕《城市景观小品设计》）

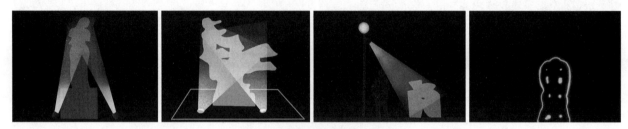

图3-4-30 雕塑照明灯位选择
（来源：改绘自吴婕《城市景观小品设计》）

本章参考文献：

[1] 田建林，张柏. 园林景观地形铺装路桥设计施工手册[M]. 北京：中国林业出版社，2012.

[2] 肖磊. 城市公园地形设计方法与实践研究[D]. 南京：南京林业大学，2012.

[3] 郝鸥，陈伯超，谢占宇. 景观规划设计原理[M]. 武汉：华中科技大学出版社，2013.

[4] 张立磊. 山地地区城市公园地形设计研究[D]. 重庆：西南大学，2008.

[5] 钱雪飞. 园林景观中的挡土墙设计[D]. 南京：东南大学，2019.

[6] 林海燕. 城市绿地中的挡土墙设计研究[D]. 长沙：湖南农业大学，2010.

[7] 杨成珠. 景观台阶的设计研究[D]. 南京：东南大学，2016.

[8] 肖雨晴. 社区公园肢体残障无障碍化设计研究[D]. 长沙：湖南农业大学，2016.

[9] 李焕忠. 浅谈中国园林植物造景特点[J]. 山西林业，2003（2）：2.

[10] 苏雪痕. 园林植物耐阴性及其配置[J]. 北京林业大学学报，1981（2）：63-70.

[11] 周悦玥，孟祥彬，李树臣，等. 浅析园林孤植树造景的生态美[J]. 北京农学院学报，2006，21（2）：5.

[12] 鲁敏，李英杰. 园林景观设计[M]. 北京：科学出版社，2005.

[13] 刘慧民. 植物景观设计[M]. 北京：化学工业出版社，2016.

[14] 王概. 芥子园画谱[M]. 辽宁：吉林出版集团有限责任公司，2014.

[15] 章采烈. 论中国园林的理水艺术[J]. 上海大学学报：社会科学版，1991，（3）.

[16] 张馨文，高慧. 园林水景设计[M]. 北京：化学工业出版社，2015.

[17] 田园. 园林动态水景[M]. 辽宁：辽宁科学技术出版社，2003.

[18] 陈莉. 动态水景在景观设计中的艺术表现及运用[J]. 大众文艺，2010.

[19] 张谊. 论城市水景的生态驳岸处理[J]. 中国园林，2003，19（1）.

[20] 钟蕾，罗京艳. 城市公共环境设施设计[M]. 北京：中国建筑工业出版社，2011.

[21] 邓伟平. 户外坐具形态设计研究[D]. 南昌：江西师范大学，2013.

[22] 张婷，苗广娜. 公共设施造型开发设计[M]. 南京：东南大学出版社，2014.

[23] 吴婕. 城市景观小品设计[M]. 北京：北京大学出版社，2013.

[24] 章业成. 基于行为特征的老年社区健身器材设计研究[D]. 南京：南京理工大学，2016.

[25] 王瑾. 景区导向标识设计[M]. 北京：人民邮电出版社，2014.

[26] 计成，赵农. 园冶图说[M]. 济南：山东画报出版社，2003.

[27] 蔡吉安. 建筑设计资料集（第2版）[M]. 北京：中国建筑工业出版社，1994.

[28] 李磊. 城市公园内不同空间类型的景墙营造方式研究[D]. 大连：大连工业大学，2013.

[29] 包剑宇. 墙的空间建构[D]. 重庆：重庆大学，2005.

[30] 胡天君，景璟，等. 公共艺术设施设计[M]. 北京：中国建筑工业出版社，2012.

4 景观规划设计的程序与方法

景观规划设计是一个由浅入深，不断深入、完善和细化的过程。设计者在接受项目设计之后，首先应该对场地进行调研，深入了解场地的实际情况，并对收集的资料进行整理分析，从而提出设计概念与目标；整个规划设计需要经历方案初步设计、扩初设计与施工图设计最后投入运行这一系列工作流程。[①]

4.1 设计前期——基础调研与分析阶段

前期调查是景观设计的重要组成部分。在这一阶段，运用各种方式收集大量的相关资料，加深对项目总体认识。在这一阶段要积极地去思考，并有意识地进行综合总结，因为在调查内容中所反映的问题往往能作为设计切入点。

4.1.1 阅读设计任务书

在制定工作计划设计之前，设计者应充分了解设计委托方的具体需求，对设计所要求的造价和时间期限等内容。这些内容往往是整个设计的根本依据，从中可以确定调查分析的重点内容，而这往往作为设计的切入点出现。在任务书阶段很少用到图面，常以文字说明为主。例如在九溪口公园概念规划方案设计任务书中，介绍了项目的基本概况（区位范围、占地面积、红线范围、目标定位），并明确了成果要求（图4-1-1）。

4.1.2 场地调查与分析

场地调查和分析阶段，调查和分析的目的在于使设计者尽可能地熟悉场地，便于确定和评价场地的特征、存在的问题以及发展潜力，这一环节是协助设计者解决场地问题最有效的方式，能为所做的设计内容提供依据和理由。

场地现状调查包括收集与基地有关的技术资料和进行实地勘察、测绘两部分工作（图4-1-2）。气象资料、地形资料、上位规划资料、历史沿革等往往能从有关部门查询，表4-1-1列举了在翔安九溪口景观公园规划设计中所使用到的获取信息的渠道，可供参考。

记录场地的现状资料是比较容易的，对场地资料的分析实则较为困难。调查是手段，分析才是目的，在刚接触项目时常常容易忽略这点。一般情况下，较大规模基地是分项调研的，因此基地分析也应分项进行，最后再进行整合（图4-1-3）。

4.1.3 景观肌理分析

景观项目的建设与社会发展、项目所处地域的历史、现状和未来有着密切的联系，因此在设计前不仅需要对设计项目的硬件（基地环境）进行系统勘察，还需要对于软件（历史人文内涵）进行分析研究。景观肌理分析的过程正是对于项目所在地的历史背景、文化特色、民俗风情、宗教信仰、特定环境的色彩、材质与形态等信息资料进行研究，而景观项目的特色也能够在这些信息资料的基础上进行归纳、提炼而成，例如九溪口景观项目地处闽南地区，基地南接九溪入海口、红砖、花岗岩、闽南原石、燕尾脊、马鞍墙、地形肌理、九溪文化内涵都能成为本案特色所在（图4-1-4）。

---

① 沈渝德，刘冬. 现代景观设计（第2版）[M]. 重庆：西南师范大学出版社，2015：32.

九溪口公园概念性规划方案
设计任务书

一、项目概况

九溪为厦门市翔安区最大的溪流，九溪全流域都在翔安境内。厦门市九溪口公园项目位置位于翔安区莲河、蔡厝片区九溪出海口处，用地范围北至翔安南路、东临溪东路、西接溪西路、南接九溪入海口，总用地面积约为 248 万平方米，其中陆域面积约 169 万平方米，水域面积约 79 万平方米。具体以红线批复为准。

九溪口公园项目位置十分重要，是九溪流域生态绿廊的重要组成部分，必须要高标准设计、建设、管养，切实把九溪口公园打造成内容丰富、设施完善、辐射面广、国内一流的综合性市级公园。

该项目定位为城市综合性公园，定性以突出生态、湿地功能，并做好生态修复工作。

在满足城市综合性公园基本功能的前提下，可结合区域旅游规划，进行适度的旅游开发，对标 AAAA 景区标准进行公园建设，以满足片区的游览需要，与香山、大嶝小镇、战地观光园周边景区互联互通，带动公园人气。

二、规划设计原则及成果要求

（一）概念性规划方案制定原则

1、生态环保原则

公园建设应尊重现有的生态，符合国家生态园林城市及海绵城市标准，尊重现状地形地貌及自然岸线，尽量保留现有连片生态湿地功能的完整性，适当留白，作为科普功能观察其自然演替。对现有的互花米草存在蔓延趋势，公园建设应结合功能需要，加大互花米草的治理工作，以防止其进一步入侵破坏生态；同时，要充分考虑公园的生活污水等废弃物充分回收利用，力争营造零污染的环保型公园。要尽量减少硬化建设，尽量提高公园的绿地率。

2、以人为本原则

市民群众是公园最主要的服务对象，参与设计单位在深入研究已有资料的同时，还要与服务对象进行面对面的沟通，分析现有人口构成，预估人口发展趋势，

物参考，包括部分耐盐碱的棕榈科植物、多肉植物、露兜、龙舌兰、水生植物如落羽彬等植物的运用；同时，结合生态修复，做好互花米草的综合治理、红树林的合理种植以及避免招引鸟类植物的运用。

增强水文调蓄功能。通过合理的规划，在保护九溪的防洪排涝的水文调蓄功能前提下，充分考虑不同洪水等级下的设计水位，合理布局公园相关设施；将海绵城市建设技术应用到公园建设，做好雨水、中水的合理利用，维持水的动力，保持九溪水域的清澈。

6、先进性原则

智慧型的公园建设，是未来发展方向。应在综合公园五大功能的基础上，提炼出核心功能，充分植入智慧公园的理念，增加市民的互动性、体验感，以及构建全域旅游、体育旅游等功能，为管理者提供更加高效的管理措施。将人工智能技术融入到公园安防、科教教育、互动体验、水质监测、管养系统等多个方面。

（二）成果要求（规划设计机构应按以下要求提供参赛方案）

1、基地分析、项目定位、分期建设计划、建成后运营与管养计划、品牌建设策划。

2、项目规划建设。功能分区、人行与车行动线规划、景观分析、视线分析、建筑及构筑物意向、节能环保措施、人工智能开发方向、铺装配置理念、植物配置方向、给排水系统概念性方案、电气系统概念性方案、暖通系统及标识导视系统等概念性方案。

3、项目投资估算、建成后运营与管养资金估算。

4、成果文本内容、格式

（1）成果文本设计内容要求

①说明书部分：内容应完整，主要内容为：

工程地点，四至范围、规模，有关的设计条件，包括自然条件和社会条件，设计条件的综合分析，主要问题和解决问题的措施办法；

设计依据，指导思想与原则；定位定性（定性应按城市绿地分类标准）；

对具体设计内容的分别说明（包括总体布局，分区、竖向、道路交通、种植、设施布局-含公园设计、规范规定的各类设施、环卫安全、避灾设施等给排水、电气、大型或需分期建设的分期说明）；用地平衡表，投资估标。

②基本图纸：区位图（绿地所在地点及用边城市道路，相邻地块用地性质及相应文字标注）-无须省地图及中国地图；（现状图 CAD；宜用卫星遥感图代替）现状分析图；分区图（功能与景观分区），竖向设计图；道路交通设计图，种植设计图（重在植物景观分区与群落空间布局）；水电或管线综合图，重点节点详图（视公园规模和设计意图需要），主要园林建筑与设施平面图（应标注相应尺寸）；

③透视图与鸟瞰图（效果图）：准确表达设计意图为原则，不得以各种实形图作为意向图，鸟瞰图以表达空间关系为目的的可全图或局部，主要景点透视图视点以正常人眼高为宜，以上图纸酌情定置。

④基本图纸比例不限，但应按规定标注比例尺，以清晰表达为准。

（2）成果文件规格

统一为 A3 纸，图幅较大时折叠装订，封面与封底为非硬度版纸

（3）成果文件编排顺序

①封面：表明项目名称与设计阶段，如 XXX 方案设计（送审稿）；设计单位，成稿时间年月（竞赛项目按标注要求，下同）

②设计资质

③扉页：单位法人代表，技术负责人，项目负责人，各专业设计人员

④设计文件目录（应注明对应页码），设计说明书页码原则上应达二-三级标题

⑤说明书（用地平衡可附其中，也可列于总图），建议双面打印，以节省纸张

⑥设计图纸

⑦投资估标

（三）规划设计依据

1、相关法律法规

（1）《中华人民共和国城乡规划法》（2015 年）

（2）《中华人民共和国环境保护法》（1989 年）

（3）《福建省沿海防护林条例》（1995 年）

（4）《城市绿化条例》（国务院 [1992]100 号令）

（5）《厦门经济特区公园条例》（2011 年）

（6）《厦门市经济特区园林绿化条例》（2018 年）

构应赔偿损失。

10、入围规划设计机构应依据竞赛文件要求及参赛文件所作承诺履行职责，如有违约，主办单位有权根据协议、合同采取措施保证本次服务的顺利进行，并追究违约方相应的违约责任。

四、现场踏勘

各规划设计机构应自行对现场进行踏勘，以便更好地了解项目实施的环境及现场要求，现场踏勘所发生的费用由各规划设计机构自行承担。（项目所在坐标位置详见下图）

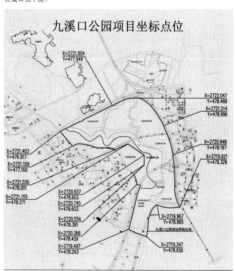

图4-1-1 翔安九溪口公园概念性规划方案设计任务书（部分）
（来源：福州大学地域建筑与环境艺术研究所绘制）

图4-1-2 收集基地相关技术资料、利用相机及航拍器进行实地勘察测量
（来源：福州大学地域建筑与环境艺术研究所摄）

获取信息常用渠道 表4-1-1

类型	获取渠道
地形资料	Global Mapper、Google Earth、地理空间数据云、地理监测云平台
	厦门市自然资源和规划局、厦门地质工程勘察院
上位规划资料	厦门市翔安区人民政府网、厦门市自然资源和规划局
气象资料	国家气象科学数据中心、中国气象数据网、环境云、福建省气象局、Weather Visualization、Weather Spark
历史沿革	中国地方志数据库、厦门市图书馆、翔安区图书馆、厦门文化馆、厦门美术馆、厦门非物质文化遗产保护中心、厦门市博物馆、厦门市翔安区人民政府网、厦门市翔安区文化馆、知网数据库、万方数据库、维普数据库
	《翔安区志》《翔安年鉴》《翔安话本》《翔安印象》《翔安民俗》《翔安掌故》《翔安文物》

（来源：福州大学地域建筑与环境艺术研究所绘制）

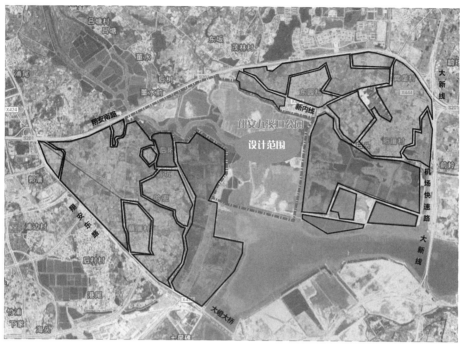

/ 现状周边用地分析 /

◆ 基地周边目前基本上都是村庄农田；基地周边分布肖垄、珩厝、白头、东园、后珩、后坑、蔡厝、吟兜等村庄；临近基地两侧主要为现状鱼塘和滩涂用地；

◆ 基地北侧道路为翔安南路；

◆ 基地西侧道路为翔安东路，其中临近基地的目前是一片正在治理的鱼塘、滩涂用地；

◆ 基地东侧为东园村庄和农田，以及现状鱼塘和滩涂用地，现状条件比较差，基本上没有景观美观性；

◆ 基地南侧为九溪入海口且与大嶝小嶝岛隔海相望；

图例：
1 现状农田
2 现状鱼塘、滩涂用地
3 村庄

/ 现状周边交通分析 /

现状道路基本以村道为主，翔安南、南路、翔安东路已实现通车，大新线将开设一条机场快速路；目前穿越本次翔安九溪口景观公园设计范围线的仅有村道和土路

图例：
◀▶ 城市主干路
----- 县道
--·-- 乡道
----- 设计范围线

图4-1-3 场地分项分析
（来源：福州大学地域建筑与环境艺术研究所绘制）

图例：
- 现状鱼塘、滩涂用地 ------- 现状道路
- 现状农田 ------- 设计范围线
- 现状水系

/ 土地利用现状分析 /

◆ **植栽**：连片生态湿地需保存，且有部分植物可建议保留或者移植。并种植部分耐盐碱的棕榈科植物、多肉植物、露兜、龙舌兰、水生植物如落羽杉等；对于现有的互花米草加大治理，防止其进一步入侵破坏生态。

◆ **水体**：基地内为九溪九条干流汇入，水源较为充沛，河道较为完整。但是由于溪流周边地块以农用水潭、养殖塘为主，水体之间部分阻隔断，缺乏联系和水体流通性；部分水质较差有待改善，水体富营养化严重；水系不流通，生物生境遭到破坏。

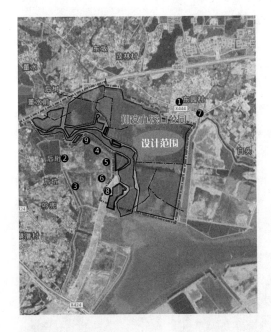

图例：
- 现状鱼塘、滩涂用地 ------- 现状道路
- 现状村庄 ------- 设计范围线

/ 土地利用现状分析 /

村庄：基地周围分布着宵垄、珩厝、白头、东园、后珩、后坑、蔡厝、吟兜等村庄，多为自建房，缺乏规划，布局和村庄道路都较为凌乱，参差不齐；

施工用地：基地周围正在施工；需按规定清除施工废渣；基地周围内有部分区域正在堆填，需按设计要求进行建设。

道路：场地现状仅有村道和土路，设计范围内场地道路无法畅通；基地周围主要是村庄道路为主，部分道路正在施工中和部分施工完成未通车；基地内部道路仅有部分泥土路，道路系统还未成熟。

图4-1-3 场地分项分析（续）
（来源：福州大学地域建筑与环境艺术研究所绘制）

a）在地文化   b）特色材料

c）地形肌理   d）九溪内涵（母亲河的故事）

图4-1-4 景观肌理分析
（来源：福州大学地域建筑与环境艺术研究所绘制）

4.1.4 目标人群分析

景观设计是为大众服务的，因此无论赋予场地何种功能，都应满足普通大众的需求。在设计开展前应仔细调研场地周边人群的构成情况，或与项目定位相关的特殊人群。主要调研内容包括目标群体类型、年龄、人群活动特征、场地和气候等外部环境对于目标人群的影响等（图4-1-5）。

4.1.5 其他相关因素分析

由于景观规划设计所包含的范围非常广泛，因此对于场地的调查与分析除上述的内容之外，可能会结合景观项目的性质与大小的不同，补充一些其他元素的分析，如面积较大的场地风景区、自然保护区规划设计就需要针对周边旅游情况进行调研。九溪口项目中，针对所处区域的绿道系统、驿道系统、旅游布局、旅游主题、交通系统进行调研分析，能够清晰把握目标定位，增强核心竞争力（图4-1-6）。

4.1.6 案例参考分析

一般情况下，在做完前期调研与分析后还应有针对性地对国内外同类优秀设计项目进行比较研究，可以从项目尺度、基地背景、设计目标、设计背景或设计内容的角度进行案例研究。

其中，正确地把握设计目标的尺度和规模对设计师来说非常重要，设计师可以选择和自己设计项目场地大小、规模类似的案例进行比较研究（图4-1-7），而相似规模和尺度景观的分析比较过程可以使设计师和业主同时直接感知场地的意

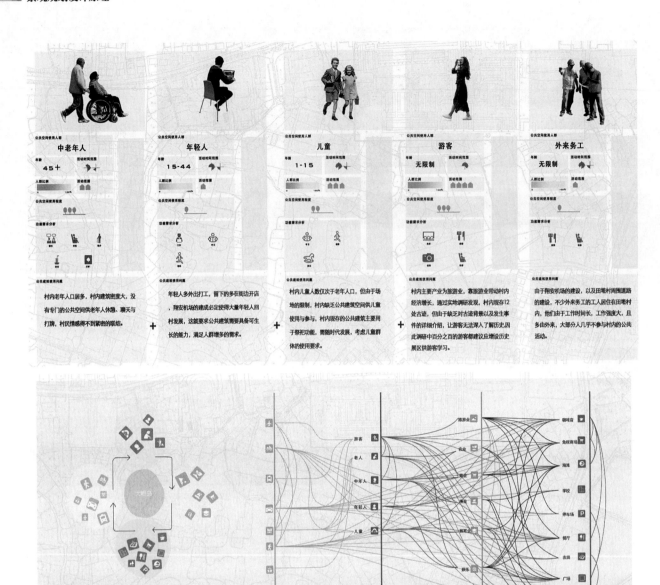

儿童、青年、中年、老年需求调研

		活动需求	场地需求	活动需求	场地需求
介入性活动	0~8岁	亲子活动、感受自然	生物物种丰富、休闲坐席处充足、活动场地围合性较好	陪伴式游玩	生物物种丰富、休闲坐席处充足、活动场地围合性较好
	8~15岁	亲子互动、知识科普、结识好友	科普馆配套设施完善、亲子参与性活动空间、半开放活动场地	陪伴式游玩、邻里互动	科普馆配套设施完善、亲子参与性活动空间、半开放活动场地
	15~20岁	知识科普、娱乐活动、好友交往、锻炼健身	科普馆配套设施完善、半开放活动场地	陪伴式游玩、邻里互动、健身锻炼	科普馆配套设施完善、半开放活动场地
			慢跑路线		慢跑路线
自理性活动	20~40岁	娱乐活动、朋友聚会、团队建设、锻炼健身	互动性活动空间、开放式娱乐场地、安全的活动通道	文化追忆、精神需求	园内文化氛围浓厚
				休闲娱乐、朋友聚会、邻里互动	互动性活动空间
			慢跑路线	运动健身	慢跑路线

根据年龄段进行细分，深入了解受众对象的真实需求，提炼场地诉求，深度挖掘该场地的最优功能划分。

■ 0~8岁年龄段共同需求
■ 8~15岁年龄段共同需求
■ 15~20岁年龄段共同需求
■ 15~20~40岁年龄段部分共同需求
■ 青、中、老年龄段部分共同需求
■ 中、老年龄段需求

图4-1-5 景观肌理分析
（来源：福州大学地域建筑与环境艺术研究所绘制）

/ 翔安绿道规划 /

根据翔安绿道规划路网内容显示，在本次九溪口公园规划范围内**区级绿道XA12、XA08**将由北向南贯穿九溪口公园，沿海部分与省级绿道SJ01搭接和SY08搭接；

/ 翔安驿站规划 /

根据翔安驿站规划布置图内容显示，在九溪口公园南面的临近出海口将设置一个等级为**一级的驿站点；**

/ 翔安新城绿道规划 /

根据翔安新城绿道规划路网内容显示，在九溪口公园范围内**绿道属于步行专用道；**同时有一条综合慢行道与市政道路衔接局部由北向南贯穿九溪口公园，为绿道XA05综合慢行道（一级自行车道）。

总体空间框架
OVERALL SPATIAL FRAMEWORK

着力发展"三山，三岛，一湖，一园，一海岸"的旅游产业带，三山即大帽山、古宅大峡谷、香山，三岛即大嶝岛、小嶝岛、鳄鱼屿，一湖即曾溪水库，一园即银鹭工业园，一海岸即翔安南部沿海海岸。
该项目紧邻大、小嶝岛，因此应结合周边旅游规划进行设计开发。

旅游布局规划
TOURISM LAYOUT PLANING

该项目地处香山、大嶝小镇、战地观光园周边，因此可借鉴规划发展理念，进行适度的旅游开发，与周边项目互联互通，带动公园人气。
香山宗教文化旅游区，提倡发展民俗田园风光游、宗教寺庙游、生态观光游等。
大嶝岛提倡发展战地观光游、海上观光游、旅游购物等。

主题旅游分布
THEMATIC TOURISM DISTRIBUTION

A. 高翔远引　　E. 鸿翔鸾起
B. 鹄峙鸾翔　　F. 鸾翔凤集
C. 龙翔虎跃　　G. 鱼翔潜底
D. 翔洽沧桑　　H. 沙鸥翔集

道路交通系统规划
ROAD TRAFFIC SYSTEM PIANNIN

1、"十字形"的快速系统：
翔安大道：南北贯穿翔安区的城市快速路。
海翔大道：东西贯穿翔安区的城市快速路。
2、"三横三纵一环岛"的城市主干路：
三横：324国道、内坂路、翔安南路、
三纵：新大线、内大线、八一路、
一环岛：滨海东大道、
3、旅游支线公路

公交系统
PUBLIC TRANSPORTATION SYSTEM

在新店设置公交、BRT、轨道交通一体的综合枢纽站。
在马巷镇结合长途汽车站设置旅游集散中心和公交枢纽。
在东坑湾南设置公交枢纽。

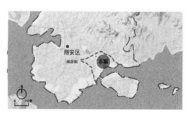

项目地交通系统
PROJECT LAND TRANSPORTATION SYSTEM

项目周边将有两条轨道交通线路：
3、4号线经停蔡厝站。
有三个公交站台：
公交714经停东园东公交站、东园西公交站。
公交714、751、759、790、720经停东园社区公交站。

图4-1-6 其他相关因素分析
（来源：福州大学地域建筑与环境艺术研究所绘制）

国外同尺度对比　　　　　　国内同尺度对比

温哥华downtown半岛北岸滨水景观带

上海陆家嘴南滨江绿地综合改造工程

西咸新区泾河新城"城市阳台"　　旧金山滨水景观带

汉中一江两岸会客厅——天汉湿地公园

德国汉堡易北河南岸滨水景观带

构建城市滨水活力中心的影响要素

| 温哥华 downtown 半岛北岸滨水景观带 | 旧金山滨水景观带 | 德国汉堡易北河南岸滨水景观带 | 上海陆家嘴南滨江绿地综合改造工程 | 汉中一江两岸会客厅——天汉湿地公园 |

空间开发强度
空间开放度

体验的丰富性
空间的可参与性
空间的休闲性

人群需求混合度
设施需求度
空间的可识别性

交通可达性

植被种类丰富度
水体洁净度

图4-1-7 同尺度案例分析
（来源：上海意希欧景观建筑设计有限公司/福州大学地域建筑与环境艺术研究所绘制）

上海1000 Trees 天安阳光广场项目　丹麦哥本哈根山形住宅　特斯联科技 AI CITY 重庆项目设计方案

通过自然与技术的结合，使得**自然与建筑**能够相互融合，多种**功能相互并行**，从而构建多元生命形态。

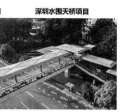

纽约高线公园　环洱海湖滨缓冲带生态修复示范段设计项目　深圳水围天桥项目

尊重场地特征，基于自然的解决方案，对其进行**低影响开发**，使场地与城市环境可持续发展。

建立通达的**交通系统**是决定场地经济活力的重要条件。根据场地特征，有条理的设置交通系统。

上海绿地中心 徐汇绿地缤纷城　大阪难波公园

利用**地形高差**，将土地价值最大化利用，同时能够在有限的空间中满足不同人群的多元化需求，吸引人群注入，从而提高商业价值，触发城市活力中心的实现。

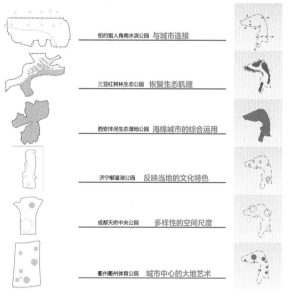

结论：成就世界级城市综合公园的六个关键

纽约猎人角南水滨公园 与城市连接

三亚红树林生态公园 恢复生态肌理

西安沣河生态湿地公园 海绵城市的综合运用

济宁都鉴湖公园 反映当地的文化特色

成都天府中央公园 多样性的空间尺度

衢州衢州体育公园 城市中心的大地艺术

图4-1-8 同类型案例分析
（来源：上海意希欧景观建筑设计有限公司、福州大学地域建筑与环境艺术研究所绘制）

义，有助于设计师直观地获得空间需求和布局的大体印象。

分析研究前人和大师的作品，并不是拷贝或抄袭别人的设计作品，而是在借鉴别人设计理念的基础上，融入自己的创意，不断完善自己的设计构思，因此当这部分环节落实到具体文本呈现时，有必要对于所借鉴案例进行总结，提取可行性思路与设计项目的共同之处，而非简单的案例堆叠（图4-1-8）。

4.2 设计中期——方案设计阶段

在对资料数据进行整理分析以后，找出场地的特征，明确规划设计的理念，开始确定设计的概念、定位、目标等，即进入项目的概念设计阶段。

4.2.1 概念推演

概念设计是以一个主导概念为主线，贯穿全部设计过程的设计方法，它通过概念将设计者繁复的感性和瞬间思维上升到统一的理性思维从而完成整个设计。[①]概念设计的形式主要有两种，一种是哲学性的概念，另外一种是功能性概念。功能性概念则较多地运用在现代景观规划设计中，指涉及解决特定问题并能以概念的形式去表达，如在西咸新区泾河新城"院士谷"核心区景观概念及城市开放空间方案设计中，考虑如何处理文化感知问题、生态建设问题、空间品质问题等，再如西咸新区泾河新城"城市阳台"概念规划设计中，如何实现生态景观绿化及配套工程，如何实现泾河治理的景观连贯性等。

在解决实际问题时，如果没有一个很清楚的空间概念，设计的形式也许会受到很大的影响，这些功能性问题能否解决甚至可能决定一个项目的成功与否（图4-2-1）。

4.2.2 设计定位

设计定位也是景观项目操作过程中一个必不可少的步骤，它能明确设计的对象、市场、项目的优势和劣势等，对于设计的整体构思非常关键。设计定位的主要内容包含功能定位、特色定位、人群定位。在设计中除了上述定位外，可能还会涉及场地的使用时间定位、设计的档次定位、设计的风格定位等（图4-2-2）。

4.2.3 设计目标

设计目标就是设计师对于项目所想达到的预期

效果。在设计中，目标是否科学在很大程度上决定了设计是否科学，且一个项目除了有一个总的设计目标，还应该对每一个时期或者每一个子项目设定目标，并在设计中逐一将这些目标实现（图4-2-3）。

4.2.4 用地规划

用地规划是在一定地域范围内，根据国家社会经济可持续发展的要求和自然、经济条件，对土地资源开发、利用、整治、保护所做的总体部署和安排。[②]通过土地利用总体规划，能够统筹安排各类用地规模和布局，以促进土地资源的充分和高效利用。在景观规划设计中，不同的用地担负着不同的功能，在完成规划面积较大的景观设计的时候，景观设计师更多的是从规划、土地利用的角度去设计景观，如西咸新区泾河新城"城市阳台"概念规划设计，位于院士谷第五单元地块处于院士谷核心区域南部，因此其用地规划需符合一级土地开发需求，能够指导后续城市单元开发控规编制（图4-2-4）。

4.2.5 总平面图

总平面图是将所有的设计素材，以正式的、半正式的制图方式，将其正确地布置在图纸上（图4-2-5）。全部的设计素材一次或多次地被作为整个环境的有机组成部分考虑研究过。根据先前构思图所建立的间架，再用总平面图进行综合平衡和研究[③]。图纸比例一般常用1:500、1:1000、1:2000，图纸主要反映出项目边界线；出入口、建筑、广场及园路布局；景观小品的位置；地形、水系、标高、铺装、植物规划布局及竖向设计等。[④]

① 沈渝德，刘冬. 现代景观设计［M］. 重庆：西南师范大学出版社，2009：35.

② 沈渝德，刘冬. 现代景观设计［M］. 重庆：西南师范大学出版社，2009：37.

③ 曹瑞林. 环境艺术设计：景观设计［M］. 郑州：河南大学出版社，201：48.

④ 屠苏莉，刘志强，丁金华. 城市景观规划设计［M］. 北京：化学工业出版社，2014.

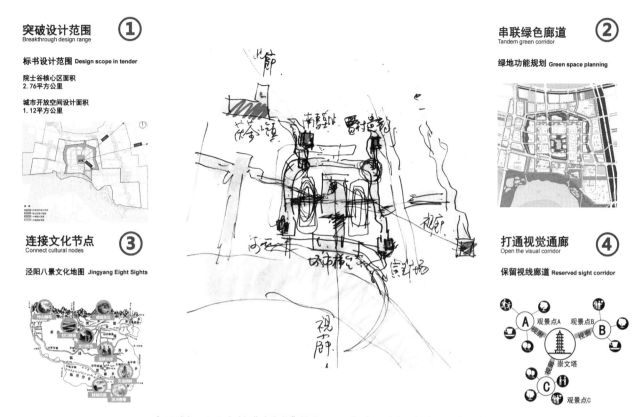

突破设计范围 ①
Breakthrough design range

标书设计范围 Design scope in tender

院士谷核心区面积
2.76平方公里

城市开放空间设计面积
1.12平方公里

连接文化节点 ③
Connect cultural nodes

泾阳八景文化地图 Jingyang Eight Sights

串联绿色廊道 ②
Tandem green corridor

绿地功能规划 Green space planning

打通视觉通廊 ④
Open the visual corridor

保留视线廊道 Reserved sight corridor

a）西咸新区泾河新城"院士谷"核心区景观概念及城市开放空间方案概念推演

山·川·谷 —— 展八百里秦川雄图，现三千年古都新貌

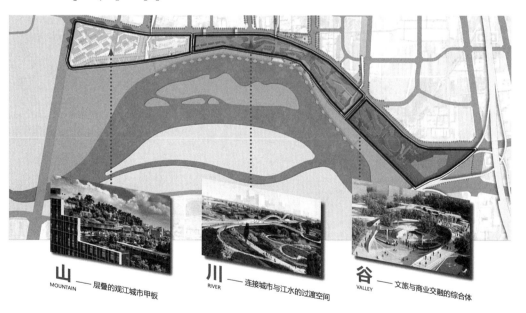

山 MOUNTAIN —— 层叠的观江城市甲板

川 RIVER —— 连接城市与江水的过渡空间

谷 VALLEY —— 文旅与商业交融的综合体

b）西咸新区泾河新城"城市阳台"概念规划设计概念推演

图4-2-1 功能性概念推演
（来源：a）作者改绘自西咸新区泾河新城"院士谷"核心区景观概念及城市开放空间方案；
b）上海意希欧景观建筑设计有限公司/福州大学地域建筑与环境艺术研究所绘制）

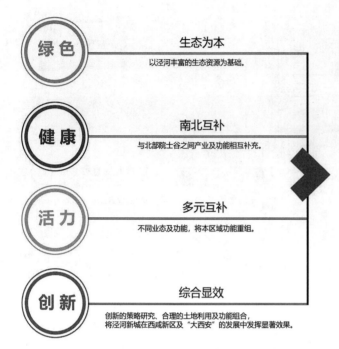

活力创新有机体

- 绿色、健康、活力、创新是构成本区域四大要素。
- 从顶层规划策略、愿景定位研究的角度，需要有机的链接组合形成一个新的有机体。
- 生态环境为本底，传承文化、续写时代精神，践行高质量发展理念。

西咸之窗

滨水体验目的地
产业目的地、休闲观光目的地、历史文化体验目的地

转型升级新支点
文化展示、商务服务、旅游体验、人居示范

城市再生先行者
复合更新、存量发展、特色构建

绿色 — 生态为本
以泾河丰富的生态资源为基础。

健康 — 南北互补
与北部院士谷之间产业及功能相互补充。

活力 — 多元互补
不同业态及功能，将本区域功能重组。

创新 — 综合显效
创新的策略研究、合理的土地利用及功能组合，将泾河新城在西咸新区及"大西安"的发展中发挥显著效果。

该项目定位为具有浓厚地方色彩、文化科普、湿地保育、生态修复功能的城市综合性公园，突出生态、湿地功能，结合生态修复工作，在满足城市综合性公园基本功能的前提下，对区域进行了旅游规划并做适度的旅游开发，让其成为一个具有高人气、高标准、高价值的特色景观空间，成为同类项目中的品质标杆。九溪口湿地公园将以文化与生态作为主体定位，以九溪文化（主线）、盐田文化、湿地文化、航空文化为主要内容，着力打造一个集文化、旅游、商业、观赏、生态、经济、教育、保护、休憩、娱乐、健身功能于一体的城市综合性公园。

文化承载 //

休闲游憩 //

生态涵养 //

旅游观光 //

高人气

高标准

高价值

—— "闽南高效生态经济发展先行区绿色引擎"

图4-2-2 设计特色及功能定位
（来源：上海意希欧景观建筑设计有限公司、福州大学地域建筑与环境艺术研究所绘制）

生态性 • Ecology
自古有"八水绕长安"之称，本案旨在以泾河为依托，践行绿色生态理念，打造可持续的自然环境。

创新性 • Innovation
本次规划旨在通过泾河生态体系与城市建设功能重塑，重新拉开西部滨水城市更新的序幕，构建"南山北水·灵动泾河"的现代化新城。

西北的滨水城市
Waterfront cities in Northwest China

"南山北水·灵动泾河"现代化新城

生态文明的现代化新城
The modern city of ecological civilization

国际前端门户展示区
International front portal exhibition area

国际化 • International
立足大西安空间发展战略规划，发挥优势，为西安打造属于西北的滨水城市，将其成为对望世界的滨河文化标签，创建世界级滨水城市，吸引世界目光，形成具有区域知名度和国际影响力的城市新名片。

【近期目标】：结合当地湿地和红树林资源造林，形成厦门东南部的"城市绿肺"，构建完善的赏游、交通、基础设施体系，营造"园中有园"的景观风貌，达到游憩、防护、经济生态等主体功能的有机结合。

【远期目标】：形成结构稳定，功能完善，以湿地景观为优势的综合公园，培育红树林景观带，并与周边城镇社会经济发展有机融合，形成"城中有林，林中有城"的嵌套发展模式，确保九溪地区的生态、经济和社会效益相得益彰。

城市绿肺
园中有园
红树资源
湿地景观

图4-2-3 设计总体目标、近期及远期目标
（来源：上海意希欧景观建筑设计有限公司、福州大学地域建筑与环境艺术研究所绘制）

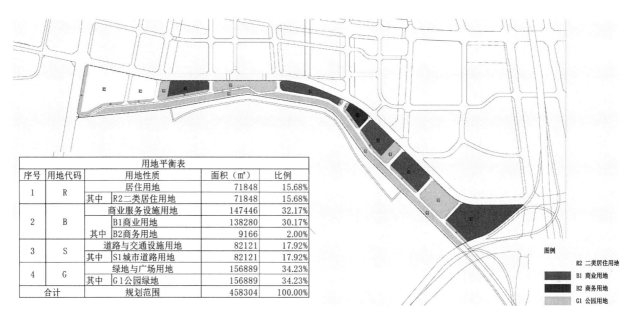

用地平衡表				
序号	用地代码	用地性质	面积（m²）	比例
1	R	居住用地	71848	15.68%
	其中	R2二类居住用地	71848	15.68%
2	B	商业服务设施用地	147446	32.17%
	其中	B1商业用地	138280	30.17%
		B2商务用地	9166	2.00%
3	S	道路与交通设施用地	82121	17.92%
	其中	S1城市道路用地	82121	17.92%
4	G	绿地与广场用地	156889	34.23%
	其中	G1公园绿地	156889	34.23%
合计		规划范围	458304	100.00%

图例
R2 二类居住用地
B1 商业用地
B2 商务用地
G1 公园用地

图4-2-4 基地用地规划
（来源：上海意希欧景观建筑设计有限公司、福州大学地域建筑与环境艺术研究所绘制）

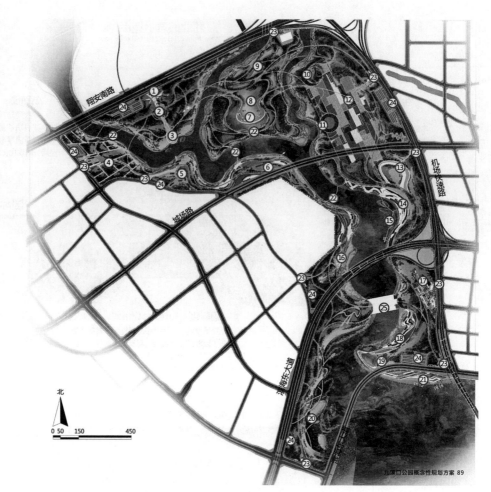

GENERAL LAYOUT 总平面布置图

① 主入口
② 红砖瓷韵
③ 九子艺演
④ 露营草坪
⑤ 山园广场
⑥ 丝绸花海
⑦ 湿地科普馆
⑧ 演艺广场
⑨ 生态湿地
⑩ 观鸟平台
⑪ 空中栈桥
⑫ 诗意田园
⑬ 乐活跑道
⑭ 滨水阶梯
⑮ 景观栈道
⑯ 水上乐园
⑰ 闽台古居
⑱ 海丝阶梯
⑲ 航空文化馆
⑳ 红树林保护区
㉑ 九溪口码头
㉒ 景观桥梁
㉓ 次入口
㉔ 生态停车场
㉕ 古桥廊韵

图4-2-5 景观总平面图
（来源：福州大学地域建筑与环境艺术研究所绘制）

4.2.6 景观功能分区

景观功能分区是根据基地的定位及设计理念，结合用地现状和使用功能，将各个功能部分的关系进行深入、合理且有效的分析，最终确定它们的大致范围及相互关系。功能分区有主次、动静之分，因而产生公共开放区和安静私密区，适合开展不同的活动或使用不同的造景方式。功能分区是人与环境契合的焦点，通过景观功能区的确定，人流动线、道路交通的关系也就一目了然（图4-2-6）。

4.2.7 道路交通规划

道路交通是设计项目中各个功能分区间有机联系的纽带。一般情况下，需根据基地与周边交通和使用人群的关系确定主次出入口，并且结合景观功能分区确定连接各区域和主次要景点的主干道、次干道、人行步道和集散空间等。由于各种场地性质的不同，其交通流线规划的侧重点也不同，如在九溪口景观项目中，水域面积占总面积约30%，主要的水域均可通船，因此在道路交通规划方面，可将水上交通作为陆路交通的有效补充，使得水路交通系统形成闭合环形（图4-2-7）；并且沿开敞空间设置慢行步道。

4.2.8 植被种植规划

植被种植规划作为景观生态的一个重要组成部分，既可以是景观规划设计中的一个部分，也可以作为一个独立的专项设计，植被种植规划不仅仅是乔、灌、草合理布局的植被规划，而是包

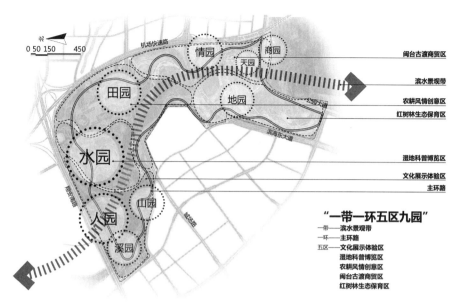

闽台古渡商贸区

滨水景观带

农耕风情创意区

红树林生态保育区

湿地科普博览区

文化展示体验区

主环路

"一带一环五区九园"

一带——滨水景观带
一环——主环路
五区——文化展示体验区
　　　湿地科普博览区
　　　农耕风情创意区
　　　闽台古渡商贸区
　　　红树林生态保育区

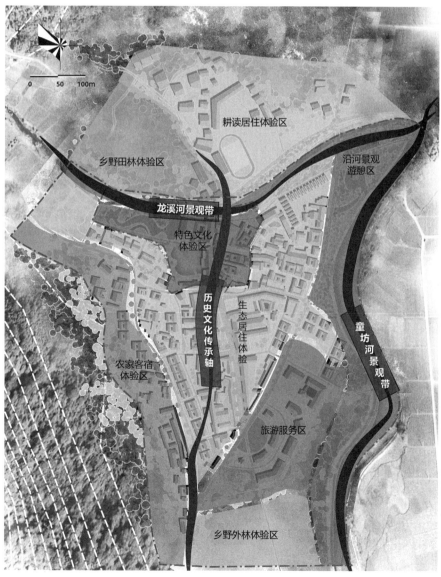

图4-2-6 景观功能分区图
（来源：福州大学地域建筑与环境艺术研究所绘制）

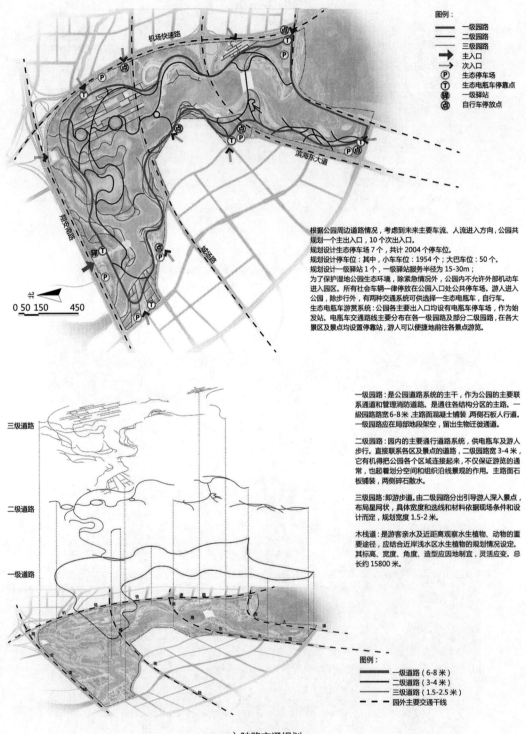

图例：
——— 一级园路
═══ 二级园路
⋯⋯ 三级园路
➤ 主入口
➝ 次入口
Ⓟ 生态停车场
Ⓣ 生态电瓶车停靠点
驿 一级驿站
点 自行车停放点

机场快速路

滨海东大道

0 50 150 450

北

根据公园周边道路情况，考虑到未来主要车流、人流进入方向，公园共规划一个主出入口，10个次出入口。
规划设计生态停车场7个，共计2004个停车位。
规划设计停车位：其中，小车车位：1954个；大巴车位：50个。
规划设计一级驿站1个，一级驿站服务半径为15-30m；
为了保护湿地公园生态环境，除紧急情况外，公园内不允许外部机动车进入园区。所有社会车辆一律停放在公园入口处公共停车场。游人进入公园，除步行外，有两种交通系统可供选择一生态电瓶车，自行车。
生态电瓶车游赏系统：公园各主要出入口均设有电瓶车停靠场，作为始发站。电瓶车交通路线主要分布在各一级园路及部分二级园路，在各大景区及景点均设置停靠站，游人可以便捷地前往各景点游览。

三级道路

二级道路

一级道路

一级园路：是公园道路系统的主干，作为公园的主要联系通道和管理消防道路。是通往各结构分区的主路。一级园路路宽6-8米，主路面混凝土铺装，两侧石板人行道。一级园路应在局部地段架空，留出生物迁徙通道。

二级园路：园内的主要通行道路系统，供电瓶车及游人步行。直接联系各区及景点的道路，二级园路宽3-4米，它有机得把公园各个区域连接起来，不仅保证游览的通常，也起着划分空间和组织沿线景观的作用。主路面石板铺装，两侧碎石散水。

三级园路：即游步道。由二级园路分出引导游人深入景点，布局星网状，具体宽度和选线和材料依据现场条件和设计而定，规划宽度1.5-2米。

木栈道：是游客亲水及近距离观察水生植物、动物的重要途径，应结合近岸浅水区水生植物的规划情况设定。其标高、宽度、角度、造型应因地制宜，灵活应变。总长约15800米。

图例：
——— 一级道路（6-8米）
═══ 二级道路（3-4米）
⋯⋯ 三级道路（1.5-2.5米）
- - - 园外主要交通干线

a）陆路交通规划

图4-2-7 道路交通规划
（来源：福州大学地域建筑与环境艺术研究所绘制）

公园主要水域均可通船。游客除可租赁手划船在规定区域内游玩，公园还规划专门的水上交通游赏系统，作为作为陆路游赏系统的有效补充。水陆游赏交通系统形成闭合的环形。沿途经过各主要景区，均有码头可供游客上下。结合绿地景观与水上游船，串联各个片区，利用具有通航水上游船的优势，打造最美水上交通航线。

游船意向

b）水上交通规划

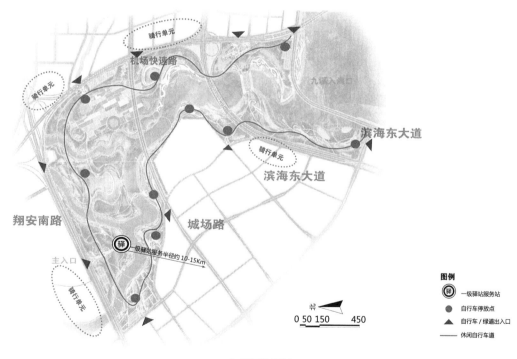

图例
㊙ 一级驿站服务站
● 自行车停放点
▲ 自行车／绿道出入口
—— 休闲自行车道

c）慢行道规划

图4-2-7 道路交通规划（续）
（来源：福州大学地域建筑与环境艺术研究所绘制）

含了技术、体制、行为在内的，存在于结构、功能和过程中，协调景观规划的水体、建筑等的空间形式的绿地系统。

在九溪口项目中，采用线面结合，成点、成线、成片，利用乔灌草合理搭配，注重植物层次和季相变化，实现种植的艺术特色，且绿化种植设计以乡土树种为主，结合总体规划布局和功能分区，绿化种植分为五个分区，主要植物景观类型为混交密林、疏林草地、林间花带、绿洲湿地、城市花园、水岸花廊等（图4-2-8）。

a）绿化种植分区

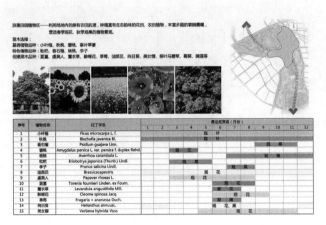

b）花团锦簇植物区季相设计

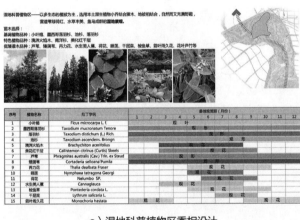

c）湿地科普植物区季相设计

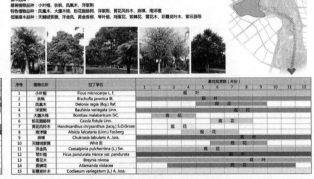

d）浪漫田园植物区季相设计

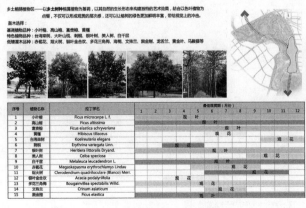

e）乡土榕荫植物区季相设计

f）红树林观光植物区季相设计

图4-2-8 植被种植规划

（来源：福州大学地域建筑与环境艺术研究所绘制）

4.2.9 景观视线规划

景观视线规划既要考虑到景观的形态、组合方式、疏密关系等，还要考虑人们与景观的互动关系，换句话说，景观视线规划是景观点、线、面的组合，在九溪口项目中，由于基地滨水的特性，因此利用基本的视觉视线来建立节点与关键元素之间的直接视觉关系（图4-2-9），并且景观视线的规划与场地竖向设计、植物配置方式、建筑小品设计有着密切关联。通过在广场、桥梁、园路、观景台等视角，打造不同竖向与距离的变化，从而达到近景、中景、远景以及借景的效果。

4.2.10 公共设施规划

景观环境中的公共设施主要包括座凳、指示牌、垃圾桶、饮水机、路障石、照明灯具、服务亭、公交站台等。公共设施不仅具有使用功能，而且具有较高的美学价值。设计师在进行公共设施设计之前，应该先了解区域环境的情况，只有在确立主题，对环境、功能有了全面了解的情况下，才能设计出与整体环境相协调的、造型独特的公共设施。

如九溪口项目中的标识系统设计，结合人的视线分析，根据公园各个节点的重要性进行合理布置：一级标识设置在主要的路口，主要内容包括总平导览图和公园介绍；二级标识设置在重要的节点及各个交叉口的位置，主要内容是根据园区的区域划分展示各区域的景点内容及游客所在位置；三级标识分布于各个道路岔口及十字路口，为游客指引方向，以及草地、水域边缘等区域，主要作用是为各个区域景点的方向及温馨提示语等。此系列导视系统造型源于九溪生态的环境，运用浅灰色钢板以及简约风格木板之间的结合，体现生态自然，回归原点，提倡当今社会大力的绿色生态自然理念（图4-2-10）。

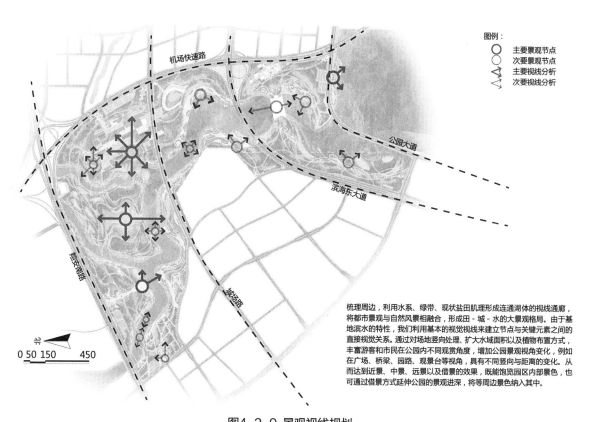

梳理周边，利用水系、绿带、现状盐田肌理形成连通湖体的视线通廊，将都市景观与自然风景相融合，形成田‐城‐水的大景观格局。由于基地滨水的特性，我们利用基本的视觉视线来建立节点与关键元素之间的直接视觉关系。通过对场地竖向处理、扩大水域面积以及植物布置方式，丰富游客和市民在公园内不同观赏角度，增加公园景观视角变化，例如在广场、桥梁、园路、观景台等视角，具有不同竖向与距离的变化。从而达到近景、中景、远景以及借景的效果，既能饱览园区内部景色，也可通过借景方式延伸公园的景观进深，将等周边景色纳入其中。

图4-2-9 景观视线规划
（来源：福州大学地域建筑与环境艺术研究所绘制）

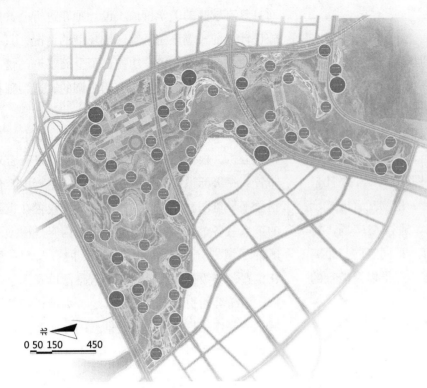

分布说明:

标识系统分布原则为方便性和易识别性,结合人的视线分析,根据公园各个节点的重要性进行合理布置,分别在主要的公园路口,重要公园节点和园路的分岔路口进行分布;一级标识设置在主要的路口,二级标识设置在重要的节点,三级标识分布在道路的分岔路口,停车标识分布在园区的停车点,总体分布力求达到最合理的布置。

一级标识:总平导览——主要放置各个主要出入口区域及重要节点区域。主要内容有总平导览和公园介绍等。

二级标识:分区导览——主要放置各个景点位置,以及各个交叉口位置。主要内容是根据园区的区域划分展示各区域的景点内容及游客所在位置等。

三级标识:道路指引及温馨提示——分别位于各个道路岔口及十字路口为游客指引方向,以及草地、水域边缘等区域。主要内容为各个区域景点的方向及温馨提示语等。

图例:
- 一级标识
- 二级标识
- 三级标识

一级标识:总体定位——描述整体空间布局,片区位置及游客所处的位置。

二级标识:分区导览——根据园区的区域划分展示各区域的景点内容及游客所在位置。

三级标识:道路指——分别位于各个道路岔口及十字路口为游客指引方向。

等级	内容	形式	材料	布局
一级（Ⅰ）	总体导游图,湿地公园总体介绍	直立	钢板、钢化玻璃、闽南红砖	主要出入口
二级（Ⅱ）	分区导游图,分区介绍	直立	钢板、钢化玻璃、闽南红砖	各分区的核心区域
三级（Ⅲ）	道路及方向指引	直立	钢板、、闽南红砖	各个路口处

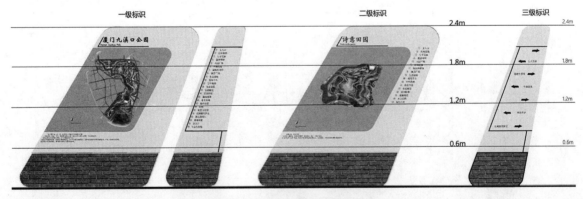

图4-2-10 景观标识系统设计
（来源:福州大学地域建筑与环境艺术研究所绘制）

4.3 设计后期——施工图阶段

通常来说,施工图设计的流程、文件与初步设计阶段是相似的,所以在施工图设计深度要求上也不会比初步设计有更多规定。就施工图设计与初步设计阶段比较而言,施工图设计需要着眼于"怎么做"的层面,因此施工图设计师需要积累更多的施工涉及的知识,常见的园林施工图内容可见表4-3-1,本节则选取其中几处图纸结合案例进行介绍。

常见的园林施工图排序及内容要求[①]   表4-3-1

项目	图纸名称	内容要求
总施工图（ZS）	总平面图（分幅）	图纸分区及各功能的标注
	放线图	控制点坐标，控制尺寸关系
	竖向图	控制点高程，排水意向，相对高差情况，土方平衡设计
	铺装及索引总图室外家具布	铺装材料标注，索引指示
	置总图	室外家具和小品等布点情况
	分区施工图	各分区的平面、立面、剖面图，有尺寸标注的放线图
详细施工图（XS）	节点、小品、构筑物大样图、平面立面剖面图	各个节点、小品、构筑物的详细做法图样、说明
建筑施工图（JS）	设计说明	园林建筑单体建筑施工设计
	建筑平立剖、施工详图	
	结构承重构件布置、配筋、大样图	
	配套专业图	
种植施工图（LS）	种植说明及植物名录表	包括植物名录表，种植要求，分区、分层进行种植设计等
	种植总图	
	乔木分区种植图	
	灌木分区种植图	
	地被分区种植图	
给水排水施工（SS）	给水排水设计说明	包括供水和排水设计，喷灌系统设计等
	材料表给水排水设计总图（分幅）	
	给水排水设计分区布置图	
	给水排水设计详图	
电气施工图（DS）	电气设计说明	包括配电箱、照明、电缆布设、设备材料表等
	设备材料表	
	配电箱系统设计图	
	照明设计总图	
	照明设计分区图	
	电气设计总图	

（来源：福州大学地域建筑与环境艺术研究所根据葛书红，《景观设计基础》整理）

4.3.1 竖向设计

场地竖向设计主要是根据规范的要求，确定道路、广场、台地、坡道、桥梁、横纵坡度、交叉点、边坡点等高程，使内部与外部交通通畅，园路、场地与建筑物、构筑物的标高衔接合理舒适。对于自然地形坡度小于5%的场地，可视为常规平坦场地，多采用平坡式布置。

竖向设计主要分为五个步骤：1）拿到图纸资料后，先标识原有竖向情况，了解周边环境竖

[①] 葛书红，宋涛，哈斯巴根. 景观设计基础［M］. 西安：西安交通大学出版社，2013：247.

向约束性条件，其中应先确定场地主要道路，从道路中线、这点和变坡点的标高开始；2）计算道路的分段长度与坡度，从而构建竖向关键点的框架，初步分段控制间距可以按照100m、50m、25m的顺序递减，从而细化竖向高程；3）根据已知的道路标高确定与道路相连接的场地标高情况；4）通过场地标高情况确定场地内建筑物和构筑物的内部标高；5）进行标高相互校正，一般情况下与道路相邻的场地标高都要高0.2m，且建筑物、构筑物临近场地标高会更高，内部标高最高。①

竖向设计平面图（图4-3-1）：根据方案设计

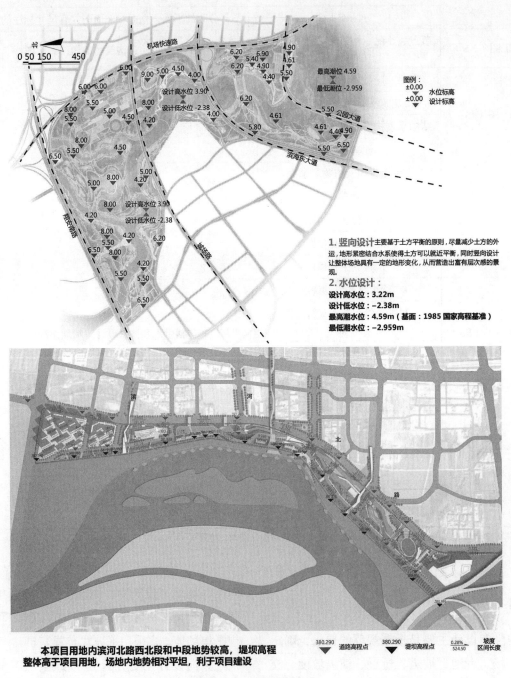

1. 竖向设计主要基于土方平衡的原则，尽量减少土方的外运，地形紧密结合水系使得土方可以就近平衡，同时竖向设计让整体场地具有一定的地形变化，从而营造出富有层次感的景观。

2. 水位设计：
设计高水位：3.22m
设计低水位：−2.38m
最高潮水位：4.59m（基面：1985国家高程基准）
最低潮水位：−2.959m

本项目用地内滨河北路西北段和中段地势较高，堤坝高程整体高于项目用地，场地内地势相对平坦，利于项目建设

图4-3-1 景观竖向设计
（来源：上海意希欧景观建筑设计有限公司、福州大学地域建筑与环境艺术研究所绘制）

① 朱燕辉. 园林景观施工图设计实例图解——土建及水景工程［M］. 北京：机械工业出版社，2017：32.

中的竖向设计，在施工总平面图的基础上表示出现状等高线、坡坎（用细红实线表示）、道路高程（用红色数字表示）、水位标高（用蓝色数字表示）；设计溪流河湖岸线、河底线及高程，排水方向（用黑色箭头表示）（图4-3-2），各景区景观建筑、休息广场的位置及高程，挖方、填方范围等（注明填挖工程量）。

竖向剖面图（图4-3-3）：包括主要部位山形，丘陵、谷地的坡势轮廓线（用黑粗实线表示）、高度及平面距（用黑细实线表示）等。剖面的起讫点、剖切位置编号必须与竖向设计平面图上的符号一致。

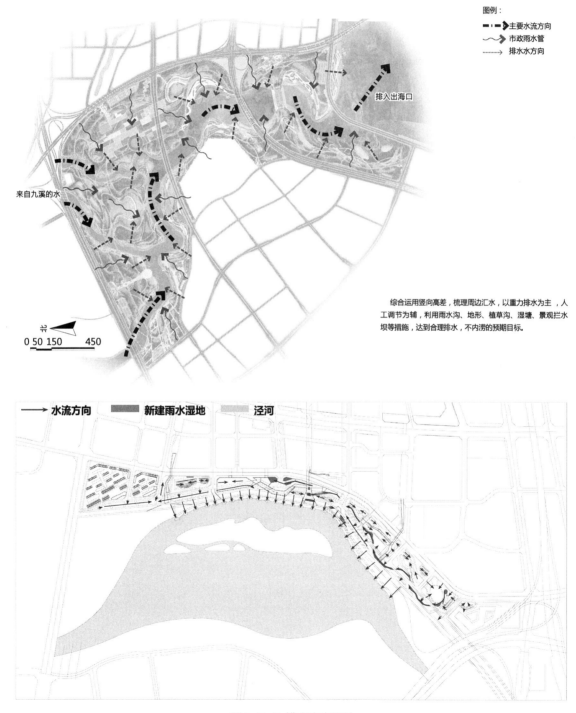

图例：
- 主要水流方向
- 市政雨水管
- 排水水方向

来自九溪的水

0 50 150 450 米

综合运用竖向高差，梳理周边汇水，以重力排水为主，人工调节为辅，利用雨水沟、地形、植草沟、湿塘、景观拦水坝等措施，达到合理排水，不内涝的预期目标。

水流方向 ＿ 新建雨水湿地 ＿ 泾河

图4-3-2 排水方向设计
（来源：上海意希欧景观建筑设计有限公司、福州大学地域建筑与环境艺术研究所绘制）

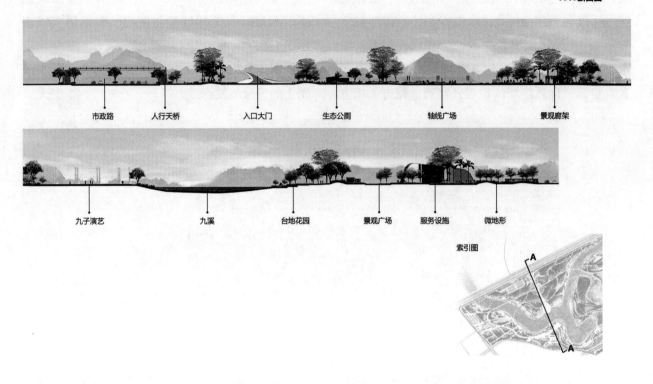

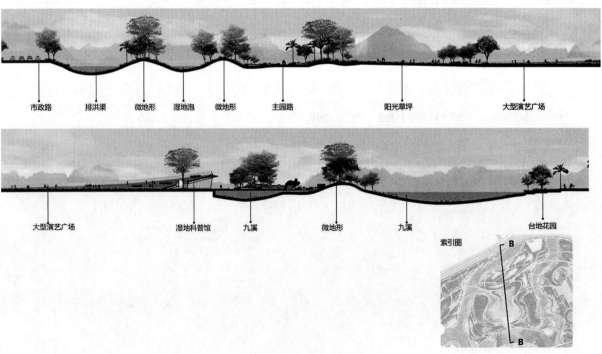

图4-3-3 景观断面设计

（来源：福州大学地域建筑与环境艺术研究所绘制）

C-C 断面图

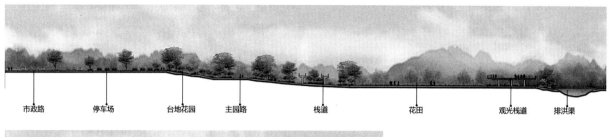

市政路　停车场　台地花园　主园路　栈道　花田　观光栈道　排洪渠

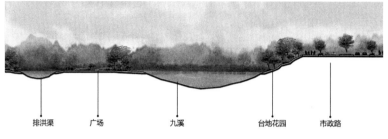

排洪渠　广场　九溪　台地花园　市政路

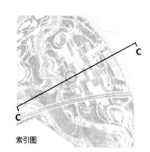

索引图

D-D、E-E 断面图

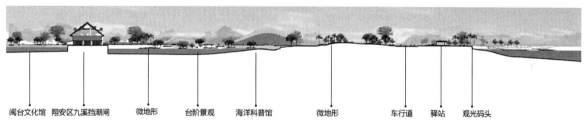

闽台文化馆　翔安区九溪挡潮闸　微地形　台阶景观　海洋科普馆　微地形　车行道　驿站　观光码头

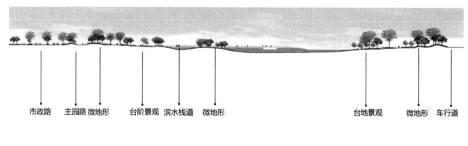

市政路　主园路　微地形　台阶景观　滨水栈道　微地形　台地景观　微地形　车行道

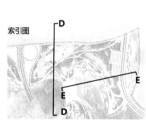

索引图

图4-3-3 景观断面设计（续）
（来源：福州大学地域建筑与环境艺术研究所绘制）

4.3.2 景观建筑设计

景观建筑设计图用于表明各景区景观建筑的位置及建筑本身的组合、选用的建材、尺寸、造型、高低、色彩、做法等（图4-3-4）。如一处单体建筑，必须画出建筑施工图（包括建筑平面位置图、建筑各层平面图、屋顶平面图、各个方向立面图、剖面图、建筑节点详图、建筑说明等）、建筑结构施工图（包括基础平面图、楼层结构平面图、基础详图、构件详图等）、设备施工图以及庭院的活动设施工程、装饰设计等。

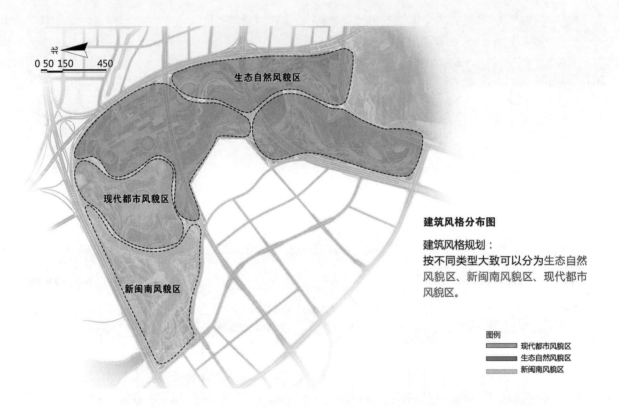

建筑风格分布图

建筑风格规划：
按不同类型大致可以分为生态自然风貌区、新闽南风貌区、现代都市风貌区。

图例
- 现代都市风貌区
- 生态自然风貌区
- 新闽南风貌区

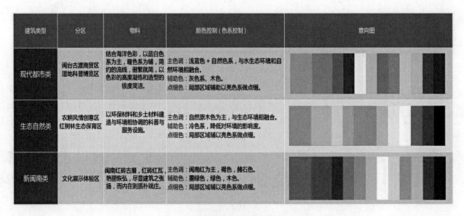

a）建筑风格分区控制

图4-3-4 景观断面设计
（来源：福州大学地域建筑与环境艺术研究所绘制）

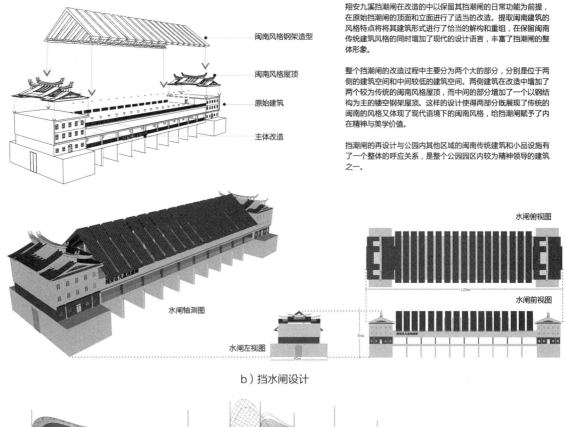

闽南风格钢架造型

闽南风格屋顶

原始建筑

主体改造

翔安九溪挡潮闸在改造的中以保留其挡潮闸的日常功能为前提，在原始挡潮闸的顶面和立面进行了适当的改造。提取闽南建筑的风格特点将其建筑形式进行了恰当的解构和重组，在保留闽南传统建筑风格的同时增加了现代的设计语言，丰富了挡潮闸的整体形象。

整个挡潮闸的改造过程中主要分为两个大的部分，分别是位于两侧的建筑空间和中间较低的建筑空间。两侧建筑在改造中增加了两个较为传统的闽南风格屋顶，而中间的部分增加了一个以钢结构为主的镂空钢架屋顶。这样的设计使得两部分既展现了传统的闽南的风格又体现了现代语境下的闽南风格，给挡潮闸赋予了内在精神与美学价值。

挡潮闸的再设计与公园内其他区域的闽南传统建筑和小品设施有了一个整体的呼应关系，是整个公园园区内较为精神领导的建筑之一。

水闸俯视图

水闸轴测图

水闸前视图

水闸左视图

b）挡水闸设计

俯视图

前视图

左视图

建筑屋顶
采光天窗

建筑屋顶

飞机装置
建筑外墙

建筑内墙

绿化微地形

主视图

c）航空科普馆设计

图4-3-4 景观断面设计（续）
（来源：福州大学地域建筑与环境艺术研究所绘制）

4.3.3 管线综合设计

管线综合设计是在建筑布置图、道路竖向图与种植设计图的基础上，表示管线及各种管井的具体位置、坐标，并注明每段管的长度、管径、高程以及如何接头，园林用电设备、灯具等的位置及电缆走向等。[①]在九溪口项目中，管线综合设计包括强电布置、弱电布置（监控类）、弱电布置（广播类）、照明设计、给水设计与雨污设计等（图4-3-5）。

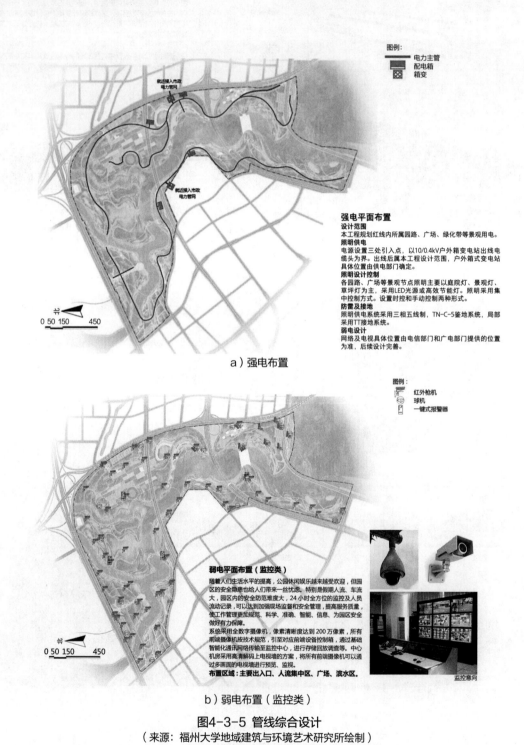

图例：
电力主管
配电箱
箱变

强电平面布置
设计范围
本工程规划红线内所属园路、广场、绿化带等景观用电。
照明供电
电源设置三处引入点，以10/0.4kV户外箱变电站出线电缆头为界。出线后属本工程设计范围，户外箱式变电站具体位置由供电部门确定。
照明设计控制
各园路、广场等景观节点照明主要以庭院灯、景观灯、草坪灯为主，采用LED光源或高效节能灯。照明采用集中控制方式。设置时控和手动控制两种形式。
防雷及接地
照明供电系统采用三相五线制，TN-C-5鉴地系统，局部采用TT接地系统。
弱电设计
网络及电视具体位置由电信部门和广电部门提供的位置为准，后续设计完善。

a）强电布置

图例：
红外枪机
球机
一键式报警器

弱电平面布置（监控类）
随着人们生活水平的提高，公园休闲娱乐越来越受欢迎，但园区的安全隐患也给人们带来一丝忧虑。特别是假期期间人流、车流大，园区内的安全防范难度大，24小时全方位的监控及人员流动记录，可以达到加强现场监督和安全管理，提高服务质量，使工作管理更加规范、科学、准确、智能、信息，为园区安全做好有力保障。
系统采用全数字摄像机，像素清晰度达到200万像素，所有前端摄像机按技术规范，引至对应前端设备控制箱，通过基础智能化通讯网络传输至监控中心，进行存储回放调查等。中心机房采用高清解码上电视墙的方案，将所有前端摄像机可以通过多画面的电视墙进行预览、监视。
布置区域：主要出入口、人流集中区、广场、滨水区。

监控意向

b）弱电布置（监控类）

图4-3-5 管线综合设计
（来源：福州大学地域建筑与环境艺术研究所绘制）

---

① 郝鸥，陈伯超，谢占宇. 景观规划设计原理［M］. 武汉：华中科技大学出版社，2013：148.

图例：
⊙ 草坪音响
▣ 防水音柱
━━ 音频线

弱电平面布置（广播类）

随着人流复杂集管理各类活动及游人安全的压力增加，为更好的管理园区内部的各种事项，设置统一的广播系统，每隔40米一个，可结合监控系统快速发布警告和疏导通知、寻人、文化宣传广播等，进一步加强公园的管理，完善园内的设施。

草坪音响参数：仿真石头外观，采用全频喇叭，具备声音高还原性及放大性；外壳由玻璃纤维复合材料制造，防水而坚固耐用；形态逼真，配合安装环境浑然天成，实为人们享受自然，欣赏美妙音乐的最佳选择。额定功率:15W-25W; 灵敏度：95dB; 频率响度：120～15KHz; 尺寸：250x260x200。

草坪音响意向

c）弱电布置（广播类）

照明设计原则

1. 高起点、高标准、高水平的夜景照明规划，科学合理的安排夜景照明的规划设计范围内的照度、光色、色温及控制指标，通过夜景照明增强建筑群在夜间的服务功能和环境效益。

2. 灯具动静结合，注重设计的整体性、统一性与协调性，从湿地大景观的角度出发使设计"和谐中不失个性"。营造张弛有度的夜景效果。

3. 以人为本。照明设计以人为本的意义就在于既追求空间中人的舒适，也要追求空间中的商业与景观效应。绿色、智能、安全、低碳、节能。

4. 运用新技术、新光源、新工艺、体现科技含量，强调实用性和可操作性。

5. 符合照明标准防止光污染。贯彻建设资源节约型和生态保护型设计原则。形成有利于节约资源，减少污染的夜景发展模式。

6. 生态区减少灯光的布置设计，避免对生物栖息和夜行动物产生干扰，以起到保护生态环境作用。

总平面照度需求分析

1. 高亮度区：
平均照度33LX(最小照度15LX，最高照度70LX)
广场中心的照度约70LX
2. 较高亮度区：
平均照度15LX(最小照度5LX，最高照度30LX)
3. 中亮度区：
平均照度10LX(最小照度5LX，最高照度15LX)
4. 低亮度区：
平均照度5LX区间照度平滑过渡减少光溢出和光污染，在高亮度区的平均夜空亮度小于10×10⁻³cd/m2（暗视觉状态），开创可持续发展的厦门绿色夜景照明新路。

图例：
■ 高亮度区
■ 较高亮度区
▨ 中亮度区
□ 低亮度区

d）照明设计

图4-3-5 管线综合设计（续）
（来源：福州大学地域建筑与环境艺术研究所绘制）

图例：
————— 灌溉给水管
————— 生活给水管
————— 消防给水管
⋈ 水井表

给水设计

根据公园周边城市供水设施规划建设情况，公园的用水量需求引自规划区周边的城市市政供水管网。供水水质符合国家《生活饮用水卫生标准》(GB5749-85) 要求；供水管道管径按湿地公园最高日用水需求量量确定，并根据不同规划期限，考虑远近期结合和分期实施的要求。湿地公园的绿化浇灌用水，采用自动灌溉系统，De110给水主管，用水主要以湖水水为主，市政水补充。供水管道力求简短，选用 UPVC 管。供水管道直径为 DN50-DN200。管道沿道路敷设，埋深根据实际计算和地面荷载决定。为满足湿地公园内的建筑消防要求，室外供水管网布置成环状。

e）给水设计

图例：
————— 污水管
————— 雨水管
◎ 污水一体化设备

雨污水设计

湿地公园内排水采用严格的雨、污分流排水体制。本工程排水按因地制宜，就近组织排放的原则，沿主园路和广场敷设雨水管网，雨水收集后排入湖中。规划区内各相关场所和配套服务设施所产生的各种生活污水，经污水管道收集后，进入城市市政排水管网，统一送至城市污水处理厂进行集中处理；雨水排除通过地面漫流，就近进入公园内的各河湖沼泽湿地，人工湿地等水体。偏远的服务设施产生的污水，就近建设排污设施（化粪池），分层处理后再统一运出或当肥料使用。污水管径采用 DN150-DN200。管道布置充分利用地形坡度条件，沿线有或规划道路布置，管道采用 UPVC 管。

f）雨污设计

图4-3-5 管线综合设计（续）
（来源：福州大学地域建筑与环境艺术研究所绘制）

4.4 本章小结

本章将景观规划设计的程序划分为三个阶段，分为设计前期的基础调研与分析阶段、设计中期的方案设计阶段以及设计后期的施工图阶段，并通过列举几个实践设计案例，具体深入的讲解关于任务书解读、场地分析、设计构思与成果表达等的基本内容，引导在日后的设计实践中，来把握景观规划设计的具体方式与方法。

本章参考文献：

[1] 沈渝德，刘冬. 现代景观设计（第2版）[M]. 重庆：西南师范大学出版社，2015.

[2] 曹瑞林. 环境艺术设计：景观设计 [M]. 郑州：河南大学出版社，201：48.

[3] 屠苏莉，刘志强，丁金华. 城市景观规划设计 [M]. 北京：化学工业出版社，2014.

[4] 葛书红，宋涛，哈斯巴根. 景观设计基础 [M]. 西安：西安交通大学出版社，2013.

[5] 朱燕辉. 园林景观施工图设计实例图解——土建及水景工程 [M]. 北京：机械工业出版社，2017.

[6] 郝鸥，陈伯超，谢占宇. 景观规划设计原理 [M]. 武汉：华中科技大学出版社，2013.

5 景观规划案例解析

5.1 庭院景观

5.1.1 庭院景观概述

建筑物前后左右或被建筑包围的场地统称为庭或庭院。对于建筑来说,最小的户外活动空间即为"庭";"院,垣也""有墙垣曰院","院"系指用墙围成的外部空间,不仅可以种植花草树木以美化环境,对于某些民居建筑而言,还可成为户外活动中心,因而"庭"和"院"常联系在一起,称为"庭院"。[①]庭院这种空间形式需要通过建筑主体进行界限划分,庭院最早是房屋的一部分,通过围墙围合以构成内部空间的延伸,是自然环境向内的过渡,是一个完整景观空间的均衡点,也可算作是人类对于自然需求的具体化(图5-1-1)。

随着建筑功能的不断完善与发展,促使庭院空间形式呈现多样化,庭院空间的内向性减弱,围合度降低,而庭院的功能也呈多元化发展,由原始的生产活动发展至休闲娱乐,并蕴藏着一定的文化内涵与审美价值。[②]

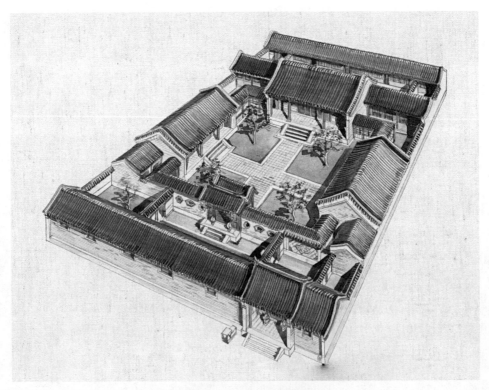

图5-1-1 中国传统庭院
(来源:李乾朗,《穿墙透壁——剖视中国经典建筑》,P335)

---

① 彭一刚. 中国古典园林分析 [M]. 北京:中国建筑工业出版社,1986.
② 陈仉英. 乡村农家乐庭院景观设计研究 [D]. 杭州:浙江农林大学,2012:13.

庭院类别划分 表5-1-1

划分依据	分类	内容概述
使用者与功能特征	别墅庭院	又称为私家花园，兼有娱乐性质的饲养、种植等功能
	居住、办公空间庭院	主要提供给单位或居住社区以相对集中的休闲娱乐场地
	会所、餐饮娱乐等商业庭院空间	在一些商业街区，办公楼的屋顶花园，商业会所及SOHO办公区等开放庭院营业空间，用以展示、举办活动或者经营餐饮、俱乐部等
风格布局	自然式庭院	以体现自然美和意境美为主，往往通过自然的植物群落设计和地形起伏处理，在形式上表现自然，将自然缩小后加以模仿来运用到庭院中，多用植物的自然姿态进行自然式造景，配置疏密有致
	规则式庭院	强调艺术造型美和视觉震撼，又称为西方式、几何式、轴线式或对称式等，往往以庭院主要建筑的轴线为景观中心轴线来进行规则式对称布局
	抽象式庭院	又称自由式、意象式或现代景观式，以体现自由意象和流动线条美为主，利用抽象艺术观念布局，形成自由有序，具有强烈装饰效果的景观布局形式
	混合式庭院	该类型综合了以上几种庭院的特点进行景观布局，多运用在现代庭院
所处区域	城市庭院	城市庭院多指居住区服务的居住区绿地空间
	乡村庭院	乡村庭院的范围是以乡村住房为中心形成的一定范围，以建筑统领周边布局，主要包括房前、屋后以及宅旁的空隙地

（来源：谢明洋，赵珂，《庭院景观设计》）

5.1.2 庭院景观类型

依据不同的划分标准可将庭院分为几种类型（表5-1-1），如可根据使用者与功能特征、风格布局、所处区域进行划分。此处重点从功能层面对庭院景观规划设计的内容进行理解。根据庭院功能特征可将庭院景观类型划分为别墅庭院居住/办公空间庭院与庭会所、餐饮娱乐等商业庭院空间这三种类型。[①]

（1）别墅庭院

别墅庭院也可被称为私家花园，受使用者、场地及场地建筑的影响较大，根据场地条件的不同，可将别墅庭院景观设计划分为三种类型：普通型、建筑围合型与坡地型。

普通型别墅庭院分为前院式与后院式，前院式的布局形式能够避风且向阳，是业主对外界表达设计主张的窗口（图5-1-2）；后院式的布局形式能够营造较为阴凉、私密的休闲空间（图5-1-3）。

建筑围合型别墅庭院多出现在城市中，由

1	入户院门
2	入户平台
3	景观花坛
4	砂石景观
5	假山叠水
6	景观跌水
7	景观木平台
8	户外客厅
9	圆形汀步
10	景观园路
11	休闲平台
12	景观廊架
13	亲水平台
14	禅意沙石
15	观景平台
16	亲水廊架
17	阳光草坪

图5-1-2 前院式的布局形式
（来源：花园俱乐部，《花园集·庭院景观设计4》，P115）

于住宅占地面积较小，只能依靠建筑排列间的空隙进行围合形成较小的庭院空间，因此这一类型更注重建筑感，地形处理相对简单，常常

---

① 谢明洋，赵珂. 庭院景观设计［M］. 北京：人民邮电出版社，2013：6-8.

1. 入口大门
2. 停车车棚
3. 硬质铺装
4. 孤植景观树
5. 锦鲤鱼池
6. 石桥
7. 景观廊架
8. 碎拼铺装
9. 阳光草坪
10. 儿童爬架
11. 户外茶厅
12. 工具房

图5-1-3 后院式的布局形式
（来源：花园俱乐部，《花园集·庭院景观设计》，P67）

图5-1-4 日式坪庭
（来源：[日]美智子·诺萨，《现代日本庭院》，P11）

图5-1-5 埃克博联合银行广场庭院设计
（来源：网络）

图5-1-6 中式传统四合院庭院
（来源：朱江，《跨越时空的解读》，P83）

作为室内设计的延伸，或者说是将户外空间室内化处理。在日本这一类型的庭院称之为"坪庭"，主要考虑到庭院与室内的对景、透景，一般人不得进入（图5-1-4）；在西方国家也十分常见，如美国第一代景观大师，盖瑞特·埃克博（Garrett Eckbo）为配合城市中的高密度建筑发展而重点对这类小型庭院景观进行研究，如仅3英亩的铺装小广场——联合银行广场的景观设计（图5-1-5）；在中国这一类型的庭院以四合院为代表（图5-1-6）。

坡地型别墅庭院是指坐落在斜坡的别墅而产生的空间类型，景观立体化设计常应用于此类庭院设计中，通常包括造景空间界面与形态的立体化，园林种植的立体化、步行路径的立体化以及景观节点的立体化等。[①]受到坡地别墅与坡地地形连接方式的影响，使得坡地型庭院的景观立体化设计呈现出几种不同的空间形态，包括地下式、地表式与架空式三大类（图5-1-7～图5-1-10）。

（2）居住、办公空间庭院

居住、办公空间庭院特指这些建筑的中庭等附属景观，属于城市绿地系统的附属绿地部分，

---

① 宁洁. 广州坡地别墅庭院景观立体化设计研究 [D]. 广州：华南理工大学，2018：05.

地表式错选型

图5-1-7 Escondida别墅
（来源：网络）

地表式掉层

图5-1-8 莫尔生活度假村养生中心
（来源：网络）

地下式

图5-1-9 思惟园——暝庭
（来源：网络）

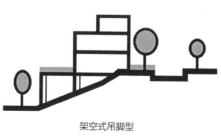

架空式吊脚型

图5-1-10 Optima Camelview住宅项目
（来源：网络）

图5-1-11 The Grid住宅区庭院设计
（来源：网络）

图5-1-12 上海白云庭院设计
（来源：网络）

是为相对固定使用群体而提供的公共活动庭院空间，因此在进行这种类型的庭院空间设计时需重视使用对象的类型、需求和行为特征，注重空间的交通与功能，并且注重庭院景观特色性与主题性的表达（图5-1-11、图5-1-12）。

（3）会所、餐饮娱乐等商业庭院空间

商业庭院空间是以公共交往和购物消费为基本功能，形式上室内空间与非通道功能的开敞空间相结合的新型城市空间[①]，例如购物环境中的中庭、广场和商业建筑屋顶等，是购物环境中非消费性的开放空间，可将它们定为成尺度小、多元化的围合或半围合空间（图5-1-13、图5-1-14）。商业庭院空间在构成上表现为植物景观、休闲设施、景观小品等元素，其兼具着公共休闲、社会交往和美观的功能，在非消费区为人们提供公共休闲服务[②]。

5.1.3 庭院景观规划设计案例解析

（1）希尔加德花园

希尔加德花园位于美国加州伯克利大学，这个庭院设计旨在拓展业主的户外休闲娱乐空间，院中的建筑是一栋建于1964年的联排别墅，庭院则被夹在相邻联排别墅的后院之间，约7m×15m

图5-1-13 龙岗创投大厦庭院设计
（来源：网络）

图5-1-14 株式会社户田芳树风景计画庭院景观设计
（来源：网络）

---

① 宋桐庆，朱喜钢，宋伟轩. 城市新空间——商业公共空间系统［J］. 城市规划，2012（5）：7.

② 刘倩云. 商业公共空间的庭院式景观设计［D］. 长河：中南林业科技大学，2016：5.

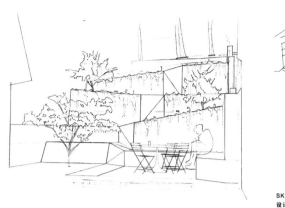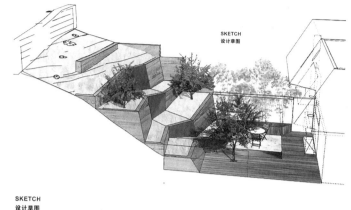

SKETCH
设计草图

SKETCH
设计草图

图5-1-15 设计草图
（来源：程奕智，《私家庭院》，p166）

见方，高差为5m左右。庭院中有一处陡峭的坡，坡上和坡下都各有一处平坦的地块可用于打造休息场所，因此，为最大限度上利用空间面积，本案采用了高台地式布局，即利用棱角分明的走道设计配合日本枫树庭院的搭配以引导场地的高度差，形成独特的庭院视觉体验（图5-1-15、图5-1-16）。

在风格方面，庭院常常作为室内设计的延伸，或者说是将户外空间室内化处理。别墅采用雪松木瓦等颇有日式民居风格的材料，室内则是以现代简约风格为主，有着简洁的线条与抽象的天窗，本案37m²的白色花岗岩的庭院露台是客厅的延伸，木地板、镜面的水池、混凝土的挡土墙、锈蚀的钢板，配以种植的日式庭院植物和芳香植物，如日本枫树、百里香、珍妮蔷薇与竹子等，整体庭院设计风格也是简约日式风（图5-1-17）。

在技术方面，这个现代简约的设计贯彻了湾区的可持续理念，采用了中水灌溉系统，业主也积极地将这个系统与他们自己的中水系统连接起来（图5-1-18）。

（2）上海尚博金融中心景观设计

尚博金融中心位于浦东的城市更新片区，坐落于浦东路与华丰路的交汇处，交通便利、步行可达性高。景观总面积13490m²，绿地率20.73%。主要使用人群以办公白领为主，附近的

图5-1-16 上层休闲平台日景夜景效果
（来源：程奕智，《私家庭院》，P165、P169）

居民相对较少参与。设计的初衷是为一个新建的办公社区打造一处独特又巧妙的景观，在有限的绿化空间、大面积的硬质消防铺装、大量凸出地面不可移动的机电设备等限制条件下，利用设计最大化提升场地的绿化，以增加人与自然之间连接的可能性与场地的灵活性（图5-1-19）。

为更好地处理场地内现存的消极条件，本案提出"自然框景"的设计理念，将自然、绿植"框"成场地的聚焦点（图5-1-20）。在办公社区的四面打造出多维的社交和悬浮框景形态的空间，如在两座高层办公大楼处配以私密的天空花园、在办公社区中心空间打造漂浮花园以及沿道路周边设置景观长廊，集合灵活巧妙的口袋花园、丰富的树种群落配置，从而形成网络形态来激活场地内的社交功能、休闲活动

图5-1-17 重蚁木平台和长椅
（来源：程奕智，《私家庭院》, P167、P168）

图5-1-18 庭院全景
（来源：程奕智，《私家庭院》, P168）

图5-1-19 上海尚博金融中心鸟瞰图
（来源：网络）

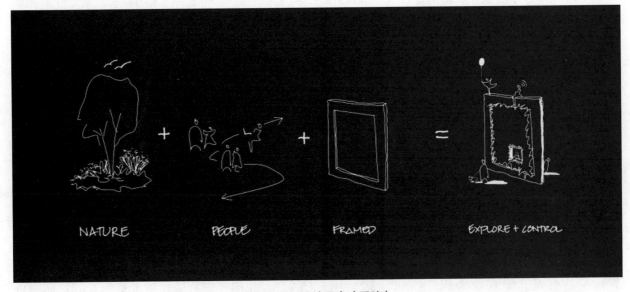

图5-1-20 设计理念（手稿）
（来源：网络）

与休憩停留。整体布局满足不同需求，既有为对话、聚会提供的半公开空间，也有半围合的私人空间。

天空花园位于每一座办公建筑的屋顶空间，通过栽种丰富的植物种类以打造出舒适的户外休闲空间，也在有限的场地中创造出许多迷你空间（图5-1-21）。

漂浮花园位于办公大楼中心空间，由于场

地内部隐藏着诸多机电设备，又需满足复杂通风与结构设计（通道结构、楼梯与电梯），因此采用矩形的框架形式，通过分层、立体的设计构建精巧简约的结构语言，这种竖向排列的框景能够打造出灵活的空间，以增强场地的立体性，且能提供绿植空间，跌水微妙的声音穿插其中以削弱周围城市交通带来的嘈杂环境（图5-1-22～图5-1-24）。

该处景观层叠的造型在严格的绿地率和消防通道的要求下，不仅形成出一处独特的视觉中心点，丰富场地的探索性与互动性，还统一了整体景观空间，打造出连贯的景观形象（图5-1-25）。

在道路交通与步行街间设置了景观长廊，利用一处处高低起伏不断的挡墙与种植池来丰富街景，为其注入更多活力。在夜晚，利用景观灯带与道路形成视觉联系，将原本略显生硬与单调的市政道路提升成尺度亲人、具有互动性与连接性的场地（图5-1-26、图5-1-27）。

图5-1-21 上海尚博金融中心鸟瞰图
（来源：网络）

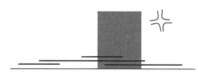

轻盈漂浮花园中的不和谐元素
Heavy elements in a light floating garden

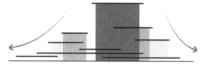

弱化高度落差，强调独特设计语言
Reduce height differences，
Emphasize unique Languages

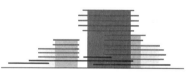

强化设计元素，形成标志性构筑
Strengthen the characteristic design，
Form the iconic construction

图5-1-22 漂浮花园概念生成
（来源：网络）

图5-1-23 漂浮花园全貌
（来源：网络）

图5-1-24 矩形的框架创造出分层、立体的形式以及水景
（来源：网络）

图5-1-25 内部掩藏了多种设备、通道结构、楼梯和电梯
（来源：网络）

图5-1-26 绿色景观长廊
（来源：网络）

图5-1-27 街道夜景
（来源：网络）

5.2 居住区景观

5.2.1 居住区景观概述

居住区是城市空间的重要组成部分，是城市中维护人类活动所需的物质和非物质结构的有机结合体，即以人为中心的社区环境。居住环境作为人居环境的一个重要组成部分，起到向人们提供舒适的居住生活的任务，同时也提供一定的场所，担负一定的社会功能，它是由自然环境、社会环境以及居住者三部分构成的一个系统整体（图5-2-1）。

（1）居住区的构成

居住区规划总用地包括了"居住区用地"和"其他用地"两大类，其中"居住区用地"是规划可操作用地，根据不同的使用功能，可划分为住宅用地、公建用地、道路用地、公共绿地四种类型（表5-2-1）；此外的用地归类为"其他用地"，包括其他单位用地、非直接为本区居民配建的道路用地、保留用地及不可建设用地。[①]

（2）居住区的分级

居住区规模一般是通过居住户数、人口规模和用地规模来进行表述。其中，居住区一般以人口规模为主要依据进行分级，可将居住区分为居住区、居住小区和居住组团三级（表5-2-2、图5-2-2～图5-2-4）。

5.2.2 居住区景观类型

依据不同的划分标准可将居住区分为几种类型（表5-2-3），本章重点探讨居住区景观类型及其特点，因此将重点从居住区景观规划结构与居住区景观规划布局形式这两个角度对居住区景观规划设计的内容进行理解。

（1）居住区景观规划结构

居住区规划结构是对于居住区的各项功能用地，综合地解决住宅、公建、道路、公共绿地与其他功能用地等的相互关系所采取的某种组织方式，常见的组织形式有以下三种：

1）以居住小区为规划基本单位来组织居住区，由几个小区组成居住区

其基本形式为居住区—居住小区两级结构

---

① 郭春华. 居住区绿地规划设计［M］. 北京：化学工业出版社，2015，02.

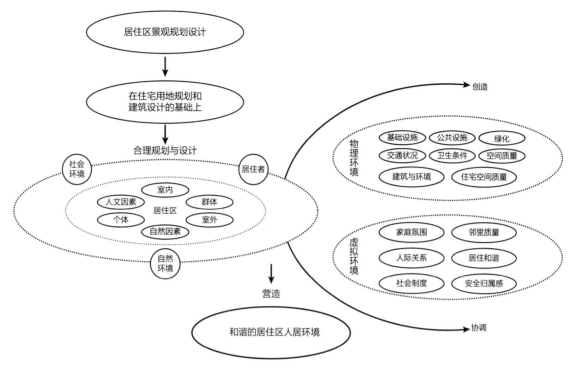

图5-2-1 居住区景观规划设计示意图
（来源：改绘自张燕《居住区规划设计》）

居住区用地构成分析之一 表5-2-1

用地构成	内容
住宅用地	住宅建筑基底占地及其四周合理间距内的用地（含宅间绿地和宅间小路等）的总称
公建用地	是与居住人口规模相对应配建的、为居民服务和示意的各类设施的用地，应包括建筑基底占地及其所属场院、绿地和配建停车场等
道路用地	是指居住区道路、小区路、组团路、回车场及非公建配建的居民汽车地面停放场地
公共绿地	是指居住区级、小区级及街坊内的公共使用绿地，包括居住区级公园、小区级小游园、小面积的带状绿地，其中包括儿童游戏场地，青少年、成人及老年人的活动和休息场地

（来源：福州大学地域建筑与环境艺术研究所根据汪辉、吕康芝，《居住区景观规划设计》整理）

居住区用地构成分析之二 表5-2-2

分级	内容
居住区	泛指不同居住人口规模的居住生活聚居地，特指城市干道或自然分界线所围合，并与居住人口规模相对应，配建有一整套较完善的、能满足该区居民物质与文化生活所需的公共服务设施的居住生活聚居地
	居住区的合理规模一般为：人口30000~50000人，户数10000~16000户，用地50~100hm²
居住小区	是指被城市道路或自然分界线所围合，并与居住人口规模相对应，配建有一套能满足该区居民基本的物质与文化生活所需的公共服务设施的居住生活聚居地。小区是一个不为城市交通干道所穿越的完整地段
	小区的合理规模一般为：人口10000~15000人，户数3000~5000户，用地10~35hm²
居住组团	指一般被小区道路分隔，并与居住人口规模相对应，配建有居民所需的基层公共服务设施的居住生活聚居地。组团由若干栋住宅组合而成，是构成居住小区的基本单位
	组团的合理规模一般为：人口1000~3000人，户数300~1000户，用地4~6hm²

（来源：根据郭春华，《居住区绿地规划设计》整理）

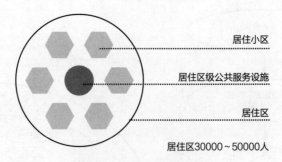

图5-2-2 居住区内部结构
（来源：改绘自张燕，《居住区规划设计》）

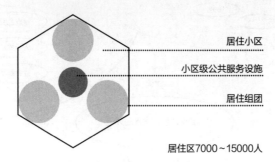

图5-2-3 居住小区内部结构
（来源：改绘自张燕，《居住区规划设计》）

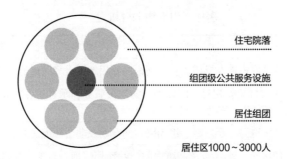

图5-2-4 居住组团内部结构
（来源：改绘自张燕，《居住区规划设计》）

居住区分类   表5-2-3

划分依据	名称	特点
按性质划分	新建居住区	新建居住区较易按合理的要求进行规划
	改建居住区	改建居住区要在现状基础上进行规划，工作较复杂
按位置划分	市内居住区	三者在居住标准、市政公用设施水平，特别是公共服务设施的项目和数量等方面都有所差别
	近郊居住区	
	远郊居住区	
按住宅层数划分	高层居住区	高层占地面积较小，节约用地
	多层居住区	多层占地面积较小，节约用地
	低层居住区	低层居住区占地大，一般用地不经济
	混合层居住区	混合层居住区节约用地，且能取得丰富的外部空间环境

划分依据	名称	特点
按建筑密度划分	高密度居住区	建筑密度接近40%时则多为高密度居住区
	中密度居住区	中密度居住区的密度受国家规范的控制与引导一般在30%～35%的范围内浮动，我国多数居住区为中密度
	低密度居住区	建筑密度接近20%时为低密度居住区
按组成方式划分	单一居住区	一般只布置住宅及配套服务设施
	综合居住区	设有无害工业或者其他行政、科研等机构
按规划结构划分	以居住小区为基本单位组织居住区	由城市道路或自然界线（如河流）划分的、具有一定规模的、不为城市道路所穿越的完整地段，区内设有一整套满足居民日常生活需要的基层公共服务设施和机构
	以居住组团为基本单位组织居住区	不划分明确的小区用地范围，居住区直接由若干住宅组团组成
	以居住组团与小区为基本单位组织居住区	以居住组团和居住小区为基本单位组织的居住区
按规划布局形式划分	向心式	将居住空间围绕占主导地位的特定要素进行有规律的组合排列，表现出有构图感的向心性
	围合式	住宅沿基地外围周边布置，形成一定数量的次要空间，并共同围绕一个主导空间，构成后的空间无方向性
	轴线式	空间轴线常为线性的道路、绿地和水体等，具有强烈的聚集性和导向性
	隐喻式	注重对形态的概括，讲求形态的简洁、明了、易懂
	片块式	住宅建筑以日照间距为主要依据，遵循一定规律排列组合，形成紧密联系的群体
	集约式	将住宅和公共配套设施集中紧凑布置，形成居住生活功能完善、空间流通的集约式整体布局空间

（来源：福州大学地域建筑与环境艺术研究所绘制）

（图5-2-5），这类形式在设计实践中较为常见。一般来说，一个居住区是由3～5个小区聚集形成的，区域内设有一整套可以满足居民日常需要的基层公共服务设施与机构，能够保证居民生活的便捷、安全与区域内的安静，也有利于城市道路的分工与交通组织。[1]

2）以居住组团为基本单位组织居住区，即由若干个组团形成居住区

其基本形式为居住区—居住组团两级结构（图5-2-6），这种组织方式不划分明确的小区用地范围，居住区直接由若干组团组成。住宅组团内一般应设有居委会办公室、卫生站、青少年校外活动室、老年活动室、小商店、幼儿园、儿童或成年人活动休息场地、小块公共绿地与停车场等，这些项目和内容基本为本组团内的居民服务[2]。

3）以居住组团和居住小区为基本单位来组织居住区，即居住区由若干个组团形成的若干个小区组成

其基本形式为居住区—居住小区—居住组团

① 徐进. 居住区环境景观设计［M］. 武汉：武汉理工大学出版社，2012，07.

② 郭春华. 居住区绿地规划设计［M］. 北京：化学工业出版社，2015，03.

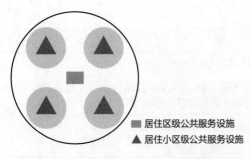

图5-2-5 居住区—居住小区两级结构
（来源：改绘自郭春华，《居住区绿地规划设计》）

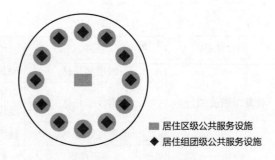

图5-2-6 居住区—居住组团两级结构
（来源：改绘自郭春华，《居住区绿地规划设计》）

三级结构（图5-2-7），这种居住区由若干个居住小区组成，每个小区由2~3个居住组团构成。在一个居住区中，存在三级公共服务中心或设施，分别为居住区级、居住小区级和居住组团级[①]。

（2）居住区规划布局形式

规划布局的形态要以人为本，符合居民生活习俗和居住行为轨迹，以及管理制度的规律性、方便性和艺术性。常用的有以下几种形式。

1）"向心式"布局形式

"向心式"布局是目前居住区规划设计方案中较为常见的布局形态，该形式将居住空间围绕占主导地位的特定要素进行有规律的组合排列，表现出有构图感的向心性（图5-2-8）。这类布局形式常将独具特色的自然地理地貌（水体、山脉）作为视觉中心，并结合自然顺畅的环状路网，配以居民所需的公共服务设施，以形成居住区中心。由此可见，"向心式"布局的优点十分突出，例如可以结合核心区域布置相应的公共服务设施及中心景观节点，且这种布局形式非常符合居住区规划要求中对于服务半径的要求。

2）"围合式"布局形式

住宅沿基地外围周边布置，形成一定数量的次要空间，并共同围绕一个主导空间，构成后的空间无方向性（图5-2-9）。"围合式"布局形式能够保证有较为富裕的绿地开敞空间，为组

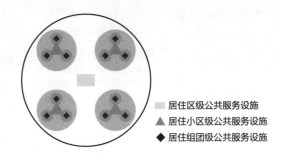

图5-2-7 居住区—居住小区—居住组团三级结构
（来源：改绘自郭春华，《居住区绿地规划设计》）

织和丰富居民的邻里交往、生活活动提供了较好的物质条件。"围合式"布局形态使中央主导空间的一般尺度较大，为突出其主体地位，可采用特殊的形态表达。这类布局形式一般适用于居住区规模较大或配套设施较为开放的城市中心区。

3）"轴线式"布局形态

自古以来，这种线性设计手法就被广泛用于构建与控制区域空间中，而空间中线性的道路、规则的绿地与穿流的水体常作为空间轴线的引导，具有强烈的视觉导向性（图5-2-10）。通过空间轴线的引导，使两侧空间呈现对称或不对称布局，并通过在轴线上设置若干个主、次节点，来把握空间的节奏与尺度，如轴线长度过长时，可通过转折、曲化的设计手法，并结合构筑物、绿化树种的处理，丰富视觉体验，打造出层层递进、错落有致的居住区。

---

① 徐进. 居住区环境景观设计［M］. 武汉：武汉理工大学出版社，2012，07.

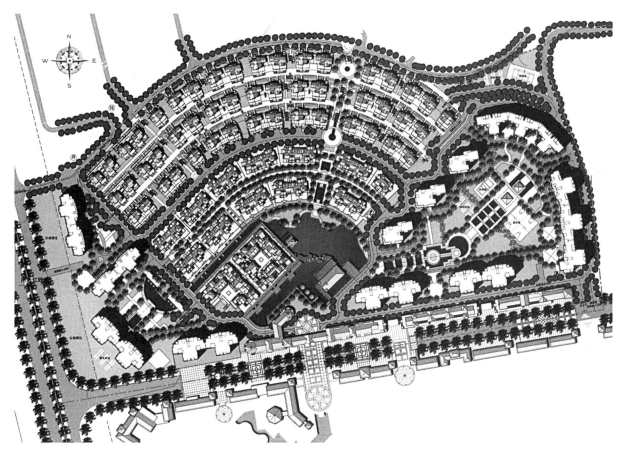

图5-2-8 贵阳中铁逸都国际
（来源：肖娟，《最新居住区景观设计》，P182）

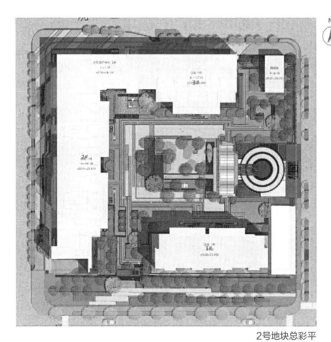

2号地块总彩平

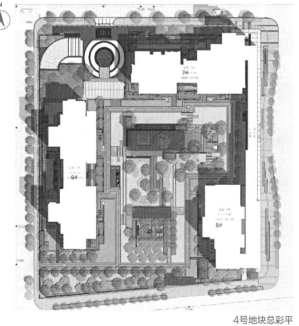

4号地块总彩平

图5-2-9 伟鹏万科·御玺滨江2号4号大区总平图
（来源：网络）

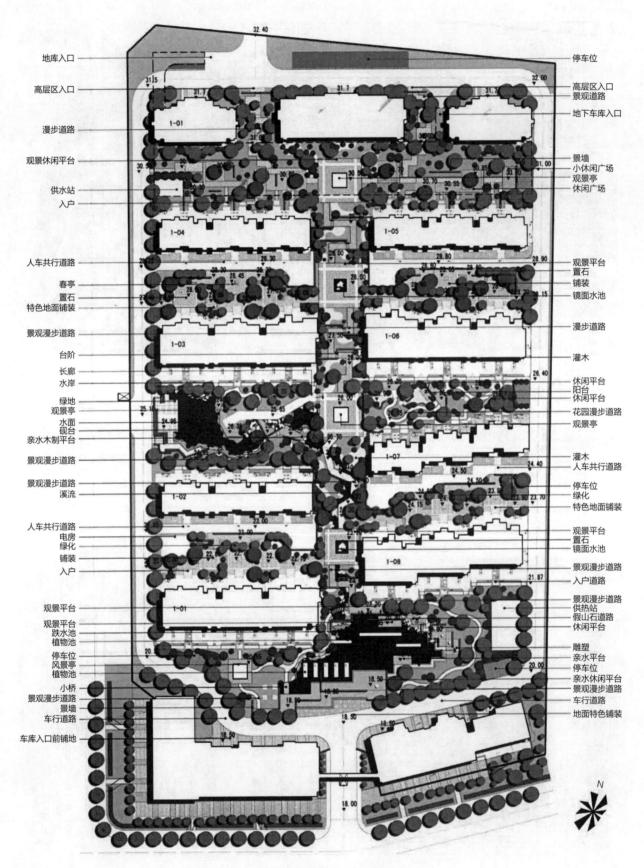

图5-2-10 海岸江南总平图
（来源：肖娟，《最新居住区景观设计》，P128）

4）"隐喻式"布局形态

"隐喻式"布局是将某种特定并相关联的事物作为设计原型，通过概括、提炼、抽象的设计手法以形成建筑与环境的形态语言（图5-2-11）。因此这类布局形式讲究形态的简洁、典型、易懂，使人们能够产生视觉与心理上的某种联想与共鸣，从而增强环境的感染力，丰富人们的感知能力。除此之外，在形似的前提下，要注重与相关理论的紧密联系，做到形、神、意的巧妙融合。

5）"片块式"布局形态

"片块式"布局形态是传统居住区规划设计中最为常用的布局形态，主要以日照间距为设计依据，通过控制相同组合方式的住宅数量以及空间位置，形成紧密联系的群体，它们不强调主次等级，成片、成块、成组、成团地布置，从而形成"片块式"布局形态（图5-2-12）。在设计中，尽量按区域变化的方法来增加各区域的可识别性，且在每块片区间应合理设置绿地、水体、公共设施或道路来进行片区的划分，满足居住者对于自然、生活品质的需求。

6）"集约式"布局形态

"集约式"布局提倡节约用地，将住宅和公共配套设施集中紧凑布置，并依靠科技进步，使地上、地下空间垂直贯通，形成居住生活功能完善、空间流通的集约式整体布局空间，并且可以同时满足和丰富居民的邻里交往与生活活动，较适用于旧城区改造或用地较为紧张的区块（图5-2-13、图5-2-14）。

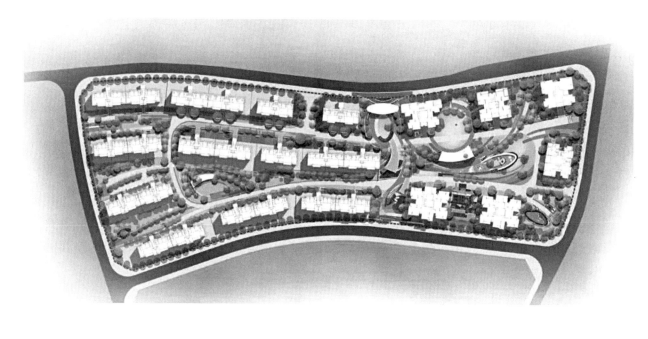

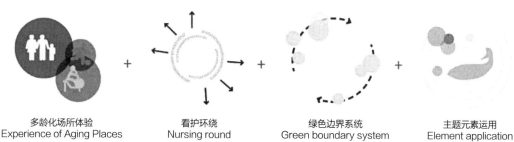

| 多龄化场所体验 | 看护环绕 | 绿色边界系统 | 主题元素运用 |
| Experience of Aging Places | Nursing round | Green boundary system | Element application |

图5-2-11 重庆阳光城·云湖里大区总平图
（来源：网络）

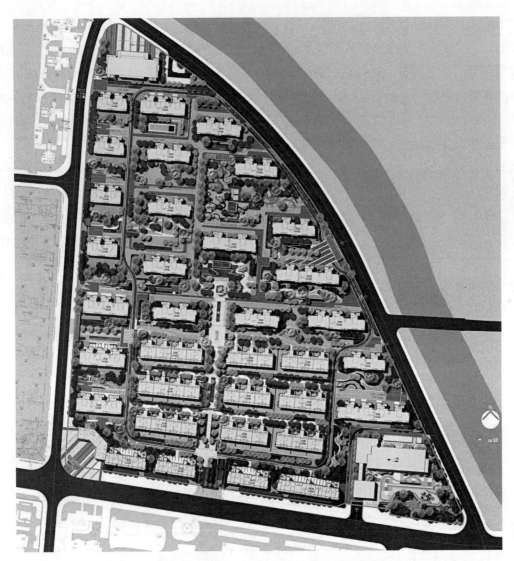

图5-2-12 青岛鑫江·桂花园，汀香大区总平图
（来源：网络）

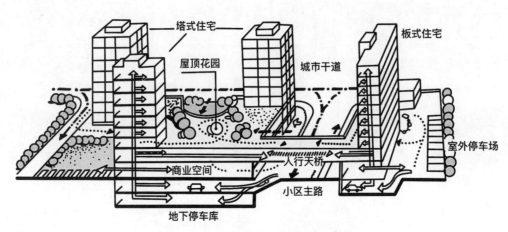

图5-2-13 "集约式"布局形态分析图
（来源：张燕，《居住区规划设计》，P34）

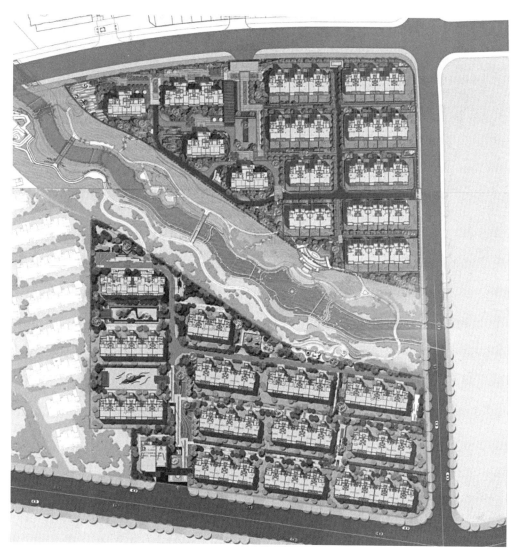

图5-2-14 鑫江·合院大区总平图
（来源：网络）

5.2.3 居住区景观规划案例解析

（1）六安徽盐·湖公馆景观规划设计

项目位于六安市金安区，毗邻淠河总干渠及环城河公园，拥有优越的地理位置和美丽的自然风景。项目充分依托秀美的水景及园景，打造观水观景的生态住宅，区域内东北高，西南低，地形有4m左右的高差，景观可塑性强（图5-2-15）。

本案遵循视觉感观度原则，将自然式与规整式两种布局手法流畅地结合并创新，摒弃有规律的一体化样式风格，营造极富层次感及立体感的景观。

根据委托方提出的古树自然景观概念，合理配置古树品种并将其合理布局，综合考虑树龄和规格等多种因素，经过造型、季相、视觉效应，使之在造景范围内起到重要的观觉及生态作用，深化生态感受。

以"湖叠谷"为主题，迎合欧式风格，融入新颖的梯田台地元素。弱化主景概念、以营适宅间景观为主要设计思路，运用多种设计手法提升宅间景观，让景观更贴近往户，融入生活，创造感观、功能、风格、尺度较佳的景观环境，既有效地改善了周边环境，又满足了人们户外活动与交流的需求，还具有突出的特点和艺术性，给人以赏心悦目的视觉享受（图5-2-16、表5-2-4）。

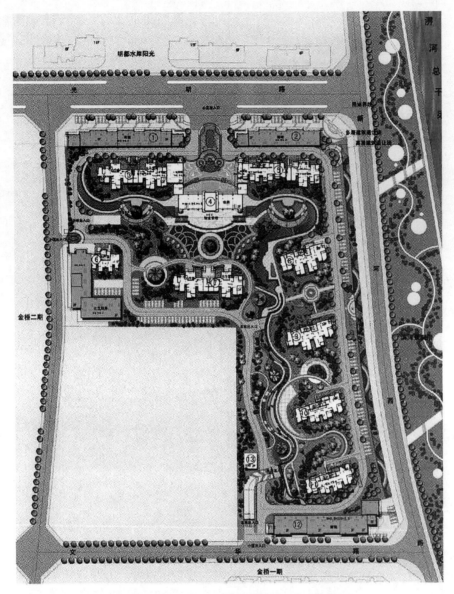

图5-2-15 六安徽盐·湖公馆景观设计总平面图
（来源：《第四届艾景奖国际景观设计大奖获奖作品上专业组》）

项目经济技术指标   表5-2-4

	数值/m²	比例
总占地面积	47484	100%
园路面积	1087	2%
广场铺装面积	3060	6%
沥青道路面积	5378	11%
绿化面积	24359	53%
建筑占地面积	10899	23%
停车场面积	2060	4%
水池面积	641	1%

（来源：福州大学地域建筑与环境艺术研究所根据《第四届艾景奖国际景观设计大奖获奖作品上专业组》内容绘制）

图5-2-16 宅间景观
（来源:《第四届艾景奖国际景观设计大奖获奖作品·上·专业组》）

图5-2-17"梯田"绿梯
（来源:《第四届艾景奖国际景观设计大奖获奖作品·上·专业组》）

利用富有韵律的"梯田"绿梯处理景观高差，既可以很好地实现高低地块的过渡，也在视觉景观上给人以全新的释意，但同时景观的主次概念不能被打破，弱化主景概念而不是弱化主景质量，提升宅间景观而不是增加宅间景观体量（图5-2-17）。

住户平时的流动量及使用观赏率最高的是宅间次景观区域，应尽量加大景观与人的融合度，让居住区景观不再只是增值地产项目的工具。从地产的价值来看，小区内主景观区域是景观的核心，是最为考究及精细的区域。而从住户角度来看，宅间次景观区域才是住宅景观营造的意义所在。在快节奏的今天，住户在散步、上下班中最频繁使用的就是宅间区域（图5-2-18）。

宅间景观的精致度是使景观有效融入住户及提升实用性的有效设计手段。合理布局宅间

景观并使其在形式上相互依托，利用极富韵律的"梯田"增加宅间景观的独特艺术性及生态性是宅间景观的主要提升手段。自然式的绿梯效果，在设计上偏向夸张的表现形式是设计的亮点（图5-2-19）。自然流线的形式表现，大跨度的曲线走向及夸张的蜿蜒度是景观独有的韵律所在。无论是视觉感受还是景观融合，都实现了美学与生态的统一，也让宅间景观更具观赏性。

（2）成都龙湖小院青城

该项目位于成都都江堰市青城山景区中，基地沿106省道向北距青城山山门3km，整体呈东西长扇形，南北宽约300m，东西长约700m，规划总用地面积约210000m²。由于大地震带来了沉重的灾难，在设计中应给予灾区更多的人文关怀，且努力保持人文生态的多样性特征，因此本案以充分尊重人文生态的保护为基础，并以川西传统

图5-2-18 宅间次景观
（来源:《第四届艾景奖国际景观设计大奖获奖作品·上·专业组》）

图5-2-19 自然式的绿梯
（来源:《第四届艾景奖国际景观设计大奖获奖作品·上·专业组》）

古村落为原型，通过分析其古村落肌理、图底关系、街巷空间变化、街巷空间的尺度特点，用聚落组团的形态来表达对于当地传统建筑形态的尊重与延续（图5-2-20），打破一般开发型项目生硬化的空间布局形态，将居住空间小型化以更贴近人类生活居住的尺度，从而营造出一种由内而外的民居空间特征与整个青城山整体风貌和谐统一（图5-2-21）。

项目用地根据规划道路划分为东西两块用地，西侧规划地块布置的是2～3层的低层住宅，东侧规划地块布置4～6层的多层住宅，可以让住户远眺青城山景，也让从106国道穿过的人流感受到更为轻松的空间氛围（图5-2-22）。

小院青城的景观设计作为链接外部资源与内部空间的枢纽，更是"外部资源"的延续，本案以"芳菲小院·叶润青城"为设计主题（图5-2-23），由于作为度假型别墅社区，公区以及栋间空间是非常有限的，本案中引入青城山的一脉枝叶，在有限的狭长空间内营造公共节点与功能区域，就像枝叶生长的生命力（图5-2-24）。

在小院青城里，社区公共区域是"家"的一部分，公共区域、花园与室内都在无形之中丰富了度假生活的场景，能够打破对于家的边界感，使住户更加亲近自然以构筑出更多的度假空间。所以采用"一枝脉叶"的设计手法希望这个空间是像从枝叶中生长出来的，从青山一直延续到室

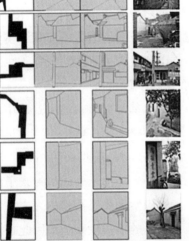

村落街巷空间分析

川西古村落的街巷空间

古村落的街巷曲曲折折，长短宽度均不同，时而开放，时而收缩，张弛有度，收放自如，街巷空间尺度宜人，高宽比合适，约为1:1或者2:1，具有良好的空间感，街巷随着地形起伏变化，建筑因地制宜，产生错落有致，富有生气的古街幽巷景观。

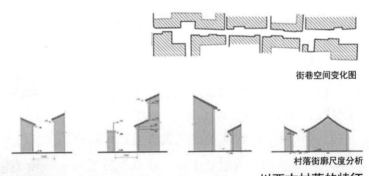

街巷空间变化图

村落街廓尺度分析

川西古村落的特征

川西古村落丰富的文化底蕴，亲近自然，体现自然与人文融合的关系，建筑群高低错落，布局因势利导，自由灵动，自然统一，空间变化莫测，极富韵味，这一切成了我们设计的灵感，我们在川西古村落中得到了启示，也为我们的规划，建筑的布局提供了依据，找到了方向。

——群体布局，自由灵活，融合自然

自由布局　　　　街巷空间

古村落肌理

图底关系

图5-2-20　川西传统古村落空间特色分析
（来源：网络）

图5-2-21 鸟瞰图
（来源：网络）

图5-2-22 空间形态营造
（来源：网络）

图5-2-23 概念主题示意图
（来源：网络）

内，能够打破边界，打造一个有丰富空间功能，能够拓展社交范围的有温度的"家"，以"叶"为主题划分为四类空间，分别为叶之动—趣玩空间、叶之静—静谧空间、枝条之秀—巷道空间、叶之美—过渡空间（图5-2-25）。

在趣玩空间中，设置了孩子们最爱的树屋、吊床、攀爬架等，让孩子们能够在与大自然互动的同时，轻松地找到玩伴；一旁偏养生的器械区，让家长在照看孩子的同时养生保健；由折线座椅、石桌打造的家庭露天餐厅，为亲子互动、邻里交流营造了舒适的空间（图5-2-26、图5-2-27）。

静谧空间主要为居住生活中心。沿用传统民居的空间构成形式，为每一户提供一种私密的院落生活，并将院落作为居住的核心体系，其余的空间则围绕感受庭院而展开，为住户提供一个全身心与自然接触和放松的场所（图5-2-28、

图5-2-29）。

过渡空间中，通过主动线的过渡空间强调昭示性，强化其引导功能和记忆点，而次动线的过渡空间注重氛围的烘托，强调细节品质（图5-2-30、图5-2-31）。

设计中强调人车分流系统，以电瓶车代替普通私家车入户，以形成专用电瓶车（车道）系统连接各住宅入户，同时形成街巷步行系统。巷道空间中的主园路及墅间较大的归家巷道采用曲线的表达方式，灵动的处理空间的转折，时而衔接过渡空间及小植物空间，富有生命力；墅间较局促的归家巷道采用折线表达，保证更多巷道与院墙之间更大的种植空间（图5-2-32、图5-2-33）。

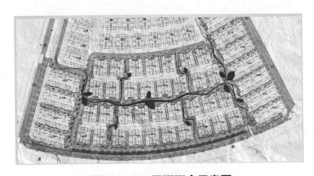

图5-2-24 平面概念示意图
（来源：网络）

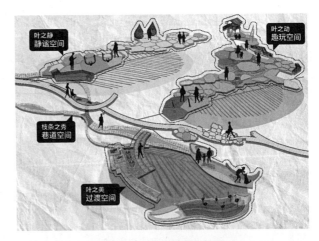

图5-2-25 空间分布图
（来源：网络）

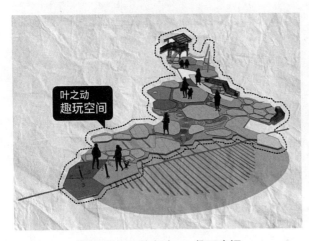

图5-2-26 叶之动——趣玩空间
（来源：网络）

图5-2-27 趣味儿童区
（来源：网络）

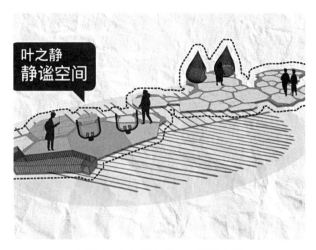

图5-2-28 叶之静——静谧空间
（来源：网络）

图5-2-29 静谧空间
（来源：网络）

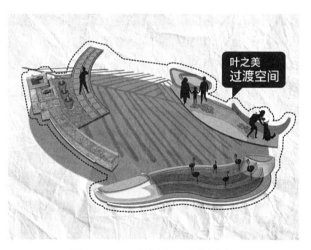

图5-2-30 叶之美——过渡空间
（来源：网络）

图5-2-31 过渡空间小景
（来源：网络）

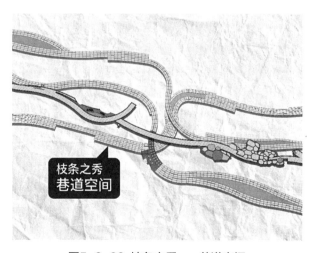

图5-2-32 枝条之秀——巷道空间
（来源：网络）

图5-2-33 小道景观
（来源：网络）

5.3 道路景观

5.3.1 道路景观概述

随着社会的发展，城市化进程加快，交通业迅猛发展，道路绿化由最初的行道树种植形式，发展为道路整体绿化。道路绿化是指以道路为主体的相关部分空地上的绿化和美化。现代道路景观设计是一个城市以至某个区域的生产力发展水平、公民的审美意识、生活习俗、精神面貌、文化修养和道德水准的真实反映。现代道路绿化不仅是构成优美街景和城市景观，成为认识城市的重要标志，而且是一个区域的连续构图景观的组合，形成了区域的特有景观特色和地域特点。它在减少环境污染，保持生态平衡，防御风沙与火灾等方面都有重要作用，并有相应的社会效益与一定的经济效益。作为城市交通的"血脉"和"骨架"，道路景观设计与城市道路景观绿化在现代化城市中起着重大作用，城市人口的密集、机动车辆的增加、自然环境的污染，使自然失去原有

的平衡，为了平衡被破坏对人类生存和发展起到的负面影响，在城市中交通拥挤的路段，如立交桥、交叉路口等这些环境污染较严重的地区，大量地进行景观绿化种植设计，可以达到绿化、美化的效果（图5-3-1）。

就其构成模式而言，除道路本身之外，还包括道路边界、道路两侧一定范围内形成的区域、道路段落相接处以及道路与道路相交处形成的道路节点等（表5-3-1）。

（1）道路景观的构成要素

构成道路景观的要素除道路线型、道路铺地等物质性要素之外，还包括人的活动及其感受等主观性因素。由于道路空间景观元素的复杂多样性，恰巧构成了道路空间的景观特性。因此，可对道路景观空间的构成元素加以归纳，以分析和把握其景观特性。

1）自然要素

任何一个地方都无法避免受到所处区域自然环境的影响，如起伏的山地丘陵地形，形成了此起彼伏的街道，从而影响街道的空间结构和人们

图5-3-1 现代城市道路
（来源：自摄）

道路景观的构成模式 表5-3-1

构成模式	内容概述
道路	道路是形成道路空间、道路景观的本体性要素；道路线形的方向性、连续性及道路断面形式、路面材料色彩等景观元素构成了这一元素的基本内涵（图5-3-1）
道路边界	道路边界是指一个空间得以界定、区别于另一空间的视觉形态要素，也可以理解为两个空间之间的形态联结，道路两侧的边界可以是水面（如河川、海岸线等）、山体、建筑、广场、公同、植物或以上若干要素的组合体
道路景观区域	道路景观区域主要是两向度的概念，由道路及两侧景观边界共同构成，具有空间场所的全部特征；在一条道路上，形成特征不同的若干景观边界性区域，如近景区域、中景区域、远景区域，这种特征可以由地形、建筑、路面特征、边界要素特征等形成并主要表现在色彩、质感、规模、建筑物风格、植物、边界轮廓线的连续性等方面
道路结点	道路结点主要指道路的交叉口、交通路线上的变化点、空间特征的视觉焦点（如公园、广场、雕塑等），它构成了道路的特征性标志，同时也往往形成区域的分界点

（来源：《城市综合交通体系标准》）

活动的方式。同时，利用街道的轴线和视线的对应关系，采取周边山体、水体、特色建筑物和构筑物等的借景，甚至直接将街道与自然环境相结合，可以确定街道方位与特征。自然要素包括地形地貌，如街道起伏、坡度等周边的视觉相关联物体，如山体、湖、海、河、森林等自然环境元素和城墙、钟楼、塔、纪念碑、大型建筑物等人工构筑物（图5-3-2）。但不论道路本身的要素多复杂，其根本的要求决定了其构成元素的特点（图5-3-3～图5-3-8）。

2）道路界面要素

道路的界面要素不仅构成了整体空间的轮廓，也创造出了合适的道路空间形态及比例关系、个性、舒适性和人性化的重要内容（图5-3-9～图5-3-12）。

3）地下空间要素

地下空间是道路空间的重要组成部分，与地面的相连部分直接影响街道的景观构成。如开敞的半地下空间直接丰富了街道垂直空间构成，地下的通风采光口出地面的高度、体量、材料也影响了街道的空间层次、造型和色彩组成（图5-3-13～图5-3-16）。

4）行人活动的要素

在道路中出现的主要活动特征是道路景观设计必须考虑的前提条件和控制对象。如商业步行街不同于普通街道，来这里的人并不仅仅是通行，主要是带有休闲性质的漫步、购物、观赏和休息。因此，必须考虑到大量人流的聚集和疏散安全、人步行速度观察周围景观的习惯以及大量人流出现对街道整体景观的影响等。设计师非常有必要将花坛、树池等植栽，休息区域，沿街建筑物等作为人群聚集的背景来考虑（图5-3-17～图5-3-20）。

5）时空变化要素

在季节分明的地区，降雨、降雪、刮风等自然现象会对人的活动、沿路植栽（植物的生长、形态、变色等）、停滞方式、停滞时间、沿路建筑形态等产生影响。随着季节和时间的变动，雨

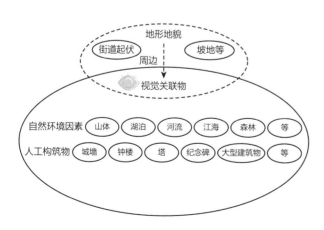

图5-3-2 自然要素
（来源：根据徐清，《景观设计学》整理）

图5-3-3 路面以及路面板块分隔状态
（来源：自摄）

图5-3-4 道路植栽绿化（行道树、树池花台、街边绿地等）

（来源：自摄）

图5-3-5 街道附属物（人行道护栏、便道桩、过街天桥、街名牌等各种交通标志）

（来源：自摄）

图5-3-6 街道占用物（电线杆等街道照明设施、交通信号灯等交通指挥信号设施）

（来源：自摄）

图5-3-7 活动公厕、座椅、废物箱等街道服务设施
（来源：自摄）

图5-3-8 公共汽车站台和出租车、班车等交通服务设施
（来源：自摄）

图5-3-9 街道两侧的建筑物或构筑物（如商店、办公楼、住宅、学校、围墙等）

（来源：自摄）

图5-3-10 广告设施（如路边广告牌、招牌、屋顶广告、广告灯箱等）

（来源：自摄）

图5-3-11 路边分隔围合用绿篱、花台、栅栏

（来源：自摄）

图5-3-12 与街道相接的广场、街心公园、水体等

（来源：自摄）

图5-3-13 地下交通设施（地铁、地下连接通道、地上与地下连接通道等）

（来源：自摄）

图5-3-14 地下商业设施（地下商业街、地下或半地下广场等）

（来源：自摄）

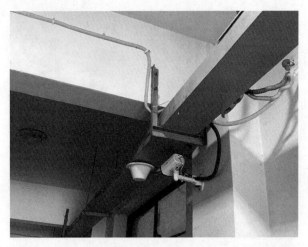

图5-3-15 地下市政设施（天然气、电力、供暖等能源设施，电话、网络等通信设施，给水、雨水、污水设施）
（来源：自摄）

图5-3-16 地下安全设施（通风、采光、应急逃生口等）
（来源：自摄）

图5-3-17 步行，即漫步、正常步行速度的通行
（来源：自摄）

图5-3-18 临时集会，即节庆活动、纪念活动、商业活动等
（来源：自摄）

图5-3-19 基础活动，即购物、休息、饮食等
（来源：自摄）

图5-3-20 交通工具带来的人为活动，即自行车、机动车等
（来源：自摄）

地域气候和时间变化，
如气候、季节、降水、早晚、休息时间

空间角度变化，如远景、借景

a）季节变化　　　　　　b）早晚变化　　　　　　c）空间远景　　　　　　d）空间借景

图5-3-21 时空变化要素
（来源：自摄）

天道路的润泽、雾天的朦胧、晚霞的灿烂等自然景观都可以演化为道路景观设计的构成要素（图5-3-21）。

5.3.2 道路景观的类型

道路绿地是道路环境中的重要景观元素。道路绿地的带状或块状绿化可以使城市绿地连成一个整体，美化街景，衬托和改善城市面貌。因此，道路绿地的形式直接关系到人对城市的印象。道路绿化的设计应符合下列规定：

1）道路绿化布置应便于养护；

2）路侧绿带宜与相邻的道路红线外侧其他绿地相结合；

3）人行道毗邻商业建筑的路段，路侧绿带可与行道树绿带合并；

4）道路两侧环境条件差异较大时，宜将路侧绿带集中布置在条件较好的一侧；

5）干线道路交叉口红线展宽段内，道路绿化设置应符合交通组织要求；

6）轨道交通站点出入口、公共交通港湾站、人行过街设施设置区段，道路绿化应符合交通设施布局和交通组织的要求。①

根据不同的种植目的，道路绿地可以分为景观种植与功能种植两大类。

（1）景观种植是从道路环境的美学观点出发，从树种、树形、种植方式等方面研究绿化与道路、建筑相协调的整体艺术效果，使绿地成为道路环境中有机组成的一部分。景观种植主要是从绿地的景观角度来考虑种植形式，可分为密林式、自然式、田园式、花园式、滨河式、简易式（表5-3-2）。

（2）功能种植是通过绿化种植达到某种功能上的效果。一般这种绿地方式都有明确的目的，如为了遮蔽、装饰、遮阴、防噪声、防风、防火、防雪、地面的植被覆盖等。但道路绿地功能并非唯一的要求，不论采取何种形式都应考虑多方面的效果，如功能栽植也应考虑到视觉上的效果，并成为街景艺术的一个方面（表5-3-3）。

5.3.3 道路景观设计案例解析

（1）长春市"两横三纵"快速路系统工程精细化设计

项目位于长春市中心城区的"两横三纵"快速路，是长春城区内主要的交通环路，是联系城

---

① 中华人民共和国住房和城乡建设部. 城市综合交通体系规划标准：GB/T 51328—2018［S］. 北京：中国建筑工业出版社，2018.

景观种植形式 表5-3-2

种植形式	内容概述
密林式	沿路两侧浓茂的树林，主要以乔木再加上灌木、常绿树和地被，封闭了道路。行人或汽车走入其间如在森林之中，夏季绿阴覆盖凉爽宜人，且具有明确的方向性，因此引人注目。一般用于城乡交界处或环绕城市或结合河湖布置。沿路植树要有相当宽度，一般在50m以上。郊区多为耕作土壤，树木枝叶繁茂，两侧景物不易看到。若是自然种植，则比较适应地形现状，可结合丘陵、河湖布置。采取成行成排整齐种植，反映出整齐的美感。假若有两种以上树种相互间种，这种交替变化就能形成韵律，但变化不应过多，否则会失去规律性从而变成混乱
自然式	这种绿地方式主要用于造园，路边休息所、街心、路边公园等也可运用。自然式的绿地形式模拟自然景色，比较自由，主要根据地形与环境来决定。沿街在一定宽度内布置自然树丛，树丛由不同植物种类组成，具有高低、浓淡、疏密和各种形体的变化，形成生动活泼的氛围。这种形式能很好地与附近景物配合，增强街道的空间变化，但夏季遮阴效果不如整齐式的行道树。在路口、拐弯处的一定距离内要减少或不种灌木以免妨碍司机视线。在条状的分车带内自然式种植，需要有一定的宽度，一般要求最小6m。还要注意与地下管线的配合，所用的苗木，也应具有一定规格
田园式	道路两侧的园林植物都在视线以下，大都种草地，空间全面敞开。在郊区直接与农田、菜田相连，在城市边缘也可与苗圃、果园相邻。这种形式开朗、自然，富有乡土气息。极目远眺，在路上高速行车，视线较好，主要适用于气候温和地区
花园式	沿道路外侧布置成大小不同的绿化空间，有广场，有绿荫，并设置必要的园林设施，供行人和附近居民逗留小憩和散步，亦可停放少量车辆和设置幼儿游戏场等。道路绿地可分段与周围的绿化相结合，在城市建筑密集、缺少绿地的情况下，这种形式可在商业区、居住区内使用，在用地紧张、人口稠密的街道旁可多布置孤立乔木或绿荫广场，弥补城市绿地分布不均匀的缺陷
滨河式	道路一面临水，空间开阔，环境优美，是市民休息游憩的良好场所。在水面不十分宽阔，对岸又无风景时，滨河绿地可布置得较为简单，树木种植成行。岸边设置栏杆，树间安放座椅，供游人休憩。如水面宽阔，沿岸风光绮丽，对岸风景点较多，沿水边就应设置较宽阔的绿地，布置游人步道、草坪、花坛、座椅等园林设施。游人步道应尽量靠近水边，或设置小型广场和临水平台，满足人们的亲水感和观景需求
简易式	沿道路两侧各种一行乔木或灌木形成"一条路，两行树"的形式，在街道绿地中是最简单、最原始的形式

（来源：根据蔡文明，刘雪，《现代景观设计教程》整理）

功能种植形式 表5-3-3

种植形式	内容概述
遮蔽式种植	遮蔽式种植是考虑需要把视线的某一个方向加以遮挡，避免见其全貌。如街道某一处景观不好，需要遮挡；城市的挡土墙或其他构造物影响道路景观等，种上一些树木或攀援植物加以遮挡
遮阴式种植	我国许多地区夏天比较炎热，道路上的温度也很高，所以对遮阴树的种植十分重视。不少城市道路两侧建筑多被绿化遮挡也多出于遮阴种植的缘故。不管出自何种原因，遮阴树的种植对改善道路环境，特别是夏天降温效果是显著的
装饰种植	装饰种植可以用在建筑用地周围或道路绿化带、分隔带两侧作局部的间隔与装饰之用。它的功能是作为界限的标志、防止行人穿过、遮挡视线、调节通风、防尘、调节局部日照等
地被种植	使用地被植物覆盖地表面，如地坪等，可以防尘、防土、防止雨水对地面的冲刷，在北方还有防冰冻作用。由于地表面性质的改变，对小气候也有缓和作用。地被的宜人绿色可以调节道路环境的景色，同时反光少，不眩目，如与花坛的鲜花相对比，色彩效果则更好
其他形式	防音种植，防风，雪种植等

（来源：根据蔡文明，刘雪，《现代景观设计教程》整理）

市板块、方便市民生活的城市环、生活环、生态环。设计师在接到设计任务后，组织项目成员，以"步"为单位，一边踏勘、一边对"两横三纵"的总体布局、人文风情、功能需求进行梳理，一边对设计界面的色调、风格、绿化空间、人行空间、车行空间进行整体考虑（图5-3-22）。

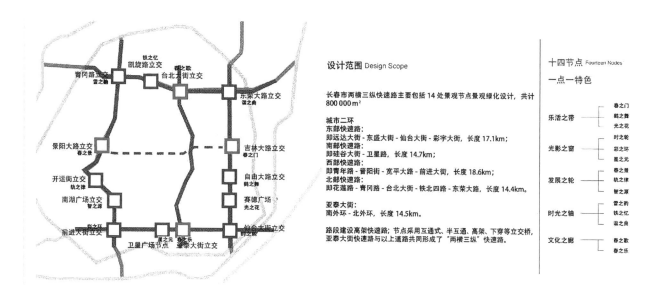

图5-3-22 项目设计内容
（来源：《第四届艾景奖国际景观设计大奖获奖作品上专业组》）

项目采用融合创新的设计策略：南与北的融合、城与景的融合、主与次的融合、上与下的融合、内与外的融合、理念创新、功能创新、生态创新、空间创新、材料创新，满足行人与车辆的交通与休闲需求，营造人性化、人文化的绿色生态景观（图5-3-23～图5-3-34）。

本项目主要包括14处景观节点的绿化设计，共计800000m²，二环路路段总设计面积约1000000m²，两横三纵井字形快速路系统建成后将有效吸引驾驶员向二环路行驶，缓解二环路以内的交通拥堵状况。

在植物方面，以粗犷、大气的长白山森林景观为主调，体现长春森林之城的城市气质。立交节点的主题营造，结合了长春独特的城市名片，以大量绿色生态群落展现森林之城的魅力，以新颖的雕塑艺术展现雕塑之城的美感，以小品设施融合工业符号展现汽车之城的特色，以艺术化的空间构成展现电影之城的特色，以艺术化的空间构成展现电影之城的风韵。

（2）重庆北大资源燕南大道改造设计

燕南大道是一条长1km，宽20m的高速公路，这个区域是中国当代城市发展的典型边缘地带，随着城市的不断扩张而重新定义了它的土地性质。随着开发商的大量介入，使大道沿线的

图5-3-23 谐之曲
（来源：《第四届艾景奖国际景观设计大奖获奖作品·上·专业组》）

图5-3-24 铁之忆
（来源：《第四届艾景奖国际景观设计大奖获奖作品·上·专业组》）

图5-3-25 春之歌
（来源：《第四届艾景奖国际景观设计大奖获奖作品·上·专业组》）

图5-3-26 轨之律之一
（来源：《第四届艾景奖国际景观设计大奖获奖作品·上·专业组》）

图5-3-27 轨之律之二
（来源：《第四届艾景奖国际景观设计大奖获奖作品·上·专业组》）

图5-3-28 雪之韵
（来源：《第四届艾景奖国际景观设计大奖获奖作品·上·专业组》）

图5-3-29 春之乐
（来源：《第四届艾景奖国际景观设计大奖获奖作品·上·专业组》）

图5-3-30 雪之源
（来源：《第四届艾景奖国际景观设计大奖获奖作品·上·专业组》）

图5-3-31 铁之忆
（来源：《第四届艾景奖国际景观设计大奖获奖作品·上·专业组》）

图5-3-32 光之花
（来源：《第四届艾景奖国际景观设计大奖获奖作品·上·专业组》）

图5-3-33 星之元
（来源:《第四届艾景奖国际景观设计大奖获奖作品·上·专业组》）

图5-3-34 暮之门
（来源:《第四届艾景奖国际景观设计大奖获奖作品·上·专业组》）

7个地块将容纳大片的高密度住宅区。

WallaceLiu伦敦设计事务所在2014年通过竞赛中标取得该项目，主张打破城市公路中普遍存在的单一、线性构图特征，以一种开放的、非线性式的公共空间尺度介入，改造成为一条开放共享的"宜居街道"。参赛中，该事务所前后提出过几种解决思路，与政府几经协商，最终敲定"整体共享铺装"的方式，以削弱机动车交通在街区规划中主导地位，模糊实际道路与周围的公园广场绿地间的界限（图5-3-35）。

将机动车主导街道剖面的组成要素进行移除和弱化处理，并调整公路沿线的公共空间中铺装、景观小品、种植等的整体布局，以打破原有公路的印象（图5-3-36）。例如，将道路原有的沿街银杏树保留下来，在机动车道上铺设与

银杏树相呼应的暖色小块混铺花岗岩，并延续至人行区域（图5-3-37）；用石材打造铺装图案以取代传统的道路划线方式，用新的排水渠过渡车行道与人行道之间的高差，从而削弱道路原有路牙的特点；采用黏合与松散的两种砂砾来柔化公园里和沿路边的种植池与硬质路面铺装交界处的边缘，从视觉上打造适宜停留的舒适地面（图5-3-38）。①

燕南大道的中段是这个改造项目的核心区域，也是最能体现"绿色慢生活"的一段。区域分为东西两侧。东侧利用现有的成年树木，打造一处以漫步道为主线的开放式街边公园，南侧则利用塑造高低起伏的绿地，为孩子们的游戏活动提供了墙壁与斜坡，打造一处公共儿童活动场（图5-3-39）。

图5-3-35 人车共用铺装
（来源：网络）

图5-3-36 模糊了实际道路与其他空间的边界
（来源：网络）

① WallaceLiu. 从公路到绿色漫步街区［J］. 景观设计，2019（2）: 6.

图5-3-37 人行区域局部
（来源：网络）

图5-3-38 人行道地面铺装细节
（来源：网络）

图5-3-39 儿童活动场
（来源：网络）

此外，在场地里中还利用吊挂彩色有机玻璃板构建一组天篷，以调节周边塔楼、城市背景以及阴沉天气带来的压抑感，这些玻璃板在日光的照射下能够将丰富的色彩投射到地面与草皮上，形成生动的自然阴影，为场地注入鲜活的能量（图5-3-40、图5-3-41）。

图5-3-40 天篷的玻璃板
（来源：网络）

图5-3-41 色彩投射到地面和草皮上
（来源：网络）

图5-3-42 "波浪" 式的预制钢木座椅
（来源：网络）

在主要的开放空间中，放置了一组较大尺度的预制钢木座椅，使用自然木油或木蜡，在场外加工而成，这些座椅的样式像一处可坐可爬的"波浪"平台。其较大的尺度和造型不仅吸引儿童嬉戏玩耍，更能为沿路的司机提供视觉提醒，注意减速（图5-3-42）。

5.4 滨水景观

5.4.1 滨水景观概述

在英文中滨水可以翻译为"Waterfront"，1991年版《牛津英语词典》将滨水解释为：是城市中一个特定的空间地段，是"与河流、湖泊、海洋比邻的土地或建筑；城镇紧邻水体的部分。"[1]在国外，虽然关于滨水区开发问题的争论有很多，但是关于滨水区概念却并不多，且往往不太清晰（Vayona，2011）。在有限的研究中，Vayona（2011）、Huang等（2011）、Shamsuddin等（2013）、Lagarense和Walansendow（2014）曾对相关界定进行了总结（表5-4-1）。

国内对于滨水区的界定与国外学术界较为类似，代表性的观点主要有（王建国，等，2001）[2]：从生态学的角度看，滨水区是生态交错带（周晓娟，等，2002）[3]。从景观学角度看，城市滨水区是城市中重要的开放空间，具有城市"门户"和"窗口"的作用。徐慧（2007）[4]认为滨水区指范围为200～300m的水域空间及与之相邻的陆域空间，对人的诱惑距离可扩展为1000～2000m，相当于步行15～30分钟的距离。张环宙、沈旭炜和高静（2011）[5]把城市滨水区的含义归纳为城市中的一个特定地段，濒临河流、湖泊、海洋等水体区域的城市空间，是陆域与水域相连的一定区域的总称（表5-4-2）。

---

① 1991年版《牛津英语词典》中对waterfront一词的解释。

② 王建国，吕志鹏. 世界城市滨水区开发建设的历史进程及其经验 [J]. 城市规划，2001，07：41-46.

③ 周晓娟，彭锋. 论城市滨水区景观的塑造——兼对上海外滩景观设计的分析 [J]. 上海城市规划，2001，03：27-30.

④ 徐慧，城市景观水系规划模式研究：以江苏省太仓市为例 [J]. 水资源保护，2007，23（5）；25-30.

⑤ 张环宙，沈旭炜，高静. 城市滨水区带状休闲空间结构特征及其实证研究—以大运河杭州主城段为例 [J]. 地理研究，2011（10）：1891-1900.

国外对滨水区概念的代表性观点　　　　　　　　　　　　　　　　表5-4-1

来源	滨水区的内涵
Vayona （2011）[1]	正在或曾经使用的、人口稠密的发达地区，主要用于居住、休闲、商业、渔业或者工业
Huang等 （2011）[2]	英国遗产词典（2000）：城镇靠近水域的部分，特别是船坞所在的码头地区
	韦氏在线词典（2006）：面对或毗邻水体的陆地、建筑或部分城镇
	词汇网络（WordNet2.0，2003）：城市中位于水边的区域，如港口、船厂
	Wikipedia（2006）：水边的陆地或城镇码头所在的陆地
	The Waterfront Center（2006）：临近海洋、海湾、湖泊、河流或运河的陆地
	The Free Dictionary（2006）：城市滨水区是城市地区水体的总称，可能是一条河流、小溪、湖泊、港口或运河
Shamsuddin, Latip，Ujang （2013）[3]	Brreen，Rigby（1994）：立足于视觉或其他与水体的关联对城市滨水区进行了界定
	Cau（1999）：认为Breen和Rigby（1994）的界定过于宽泛，对于那些高耸于水岸的城市是不适用的
	马来西亚灌溉和排水部（2003）：把城市滨水廊道界定为河岸两侧50m内的空间
Lagarense, Walansendow （2014）[4]	McGovern（2008）指出费城的滨水区是指位于中心城市边缘、毗邻翻新后的历史街区，是商业、旅游和休闲的中心
	Moretti（2010）：滨水区是城市地区直接与水体相接的区域
	Timur（2013）：把滨水区界定为城市开发和水体互动的区域
	Hou（2009）：把滨水区形容为水体和陆地汇合的地方

（来源：根据臧玥，《城市滨水空间评价与规划研究》整理绘制）

国内对滨水区概念的代表性观点　　　　　　　　　　　　　　　　表5-4-2

学者	相关文献	相关概念解析
王建国 吕志鹏	《世界城市滨水区开发建设的历史进程及其经验》	从生态学的角度看，滨水区是生态交错带
周晓娟 彭锋	《论城市滨水区景观的塑造——兼对上海外滩景观设计的分析》	从景观学角度看，城市滨水区是城市中重要的开放空间，具有城市"门户"和"窗口"的作用
徐慧	《城市景观水系规划模式研究：以江苏省太仓市为例》	滨水区指范围为200～300m的水域空间及与之相邻的陆域空间，对人的诱惑距离可扩展为1000～2000m，相当于步行15～30分钟的距离
张环宙 沈旭炜 高静	《城市滨水区带状休闲空间结构特征及其实证研究——以大运河杭州主城段为例》	把城市滨水区的含义归纳为城市中的一个特定地段，濒临河流、湖泊、海洋等水体区域的城市空间，是陆域与水域相连的一定区域的总称

（来源：王超，《地域文化视角下的孟津瀍河景观设计》）

---

① VAYONS A. Investigating the preferences of indivicuals in redeveloping waterfronts: The case of the port of Thessalonjiki-Greece[J]. cities, 2011, 28: 424-432.

② HUANG W C, CHEN C H, KAO S K, ET AL. The concept of diverse developnents in port cities[J]. Ocean & Coastal Management, 2011, 54: 381-390.

③ SHAMSUDDIN S, LATIP N S A, UJANG N, SULAIMAN A B, ALIAS N A. How a city lost its waterfront, tracing the effects of policies on the sustainability of the Kuala Lumpur waterfront.

④ LAGARENSE B E S，WALANSENDOW A. Exploring Residents'Perceptions and Participation on Tourism and waterfront Development: The Case of Monado materfront Development in Indonesia[J]. AsiaPacific Journal of Tourismn Research, 2014.

图5-4-1 汴河两岸的繁华热闹景象
（来源：张择端清明上河图卷——故宫博物院官网）

其实早在我国古代春秋时期，《管子·乘马》中就论述了营建都城的原则，其中"必于广川之上"强调水对于城市发展的必要性[1]。北宋风俗画《清明上河图》（图5-4-1）展示了当时汴京的门然风光和城市面貌，其中汴河作为北宋重要的漕运交通枢纽，人口稠密，商船云集，见证了北宋繁荣的经济情况。

综上所述，反映出学术研究中的滨水区具有以下共性特征：第一，水域和陆域是滨水区的基本组成部分；第二，水域的形态是多样的，可能是河流、湖泊、海洋、海湾、运河抑或是小溪中的任意一种；第三，陆域往往是与人类社会经济活动关联密切的城市或城镇，且功能混合。

对滨水区区域的界定有好几种解释，美国的《沿岸管理法》《沿岸区管理计划》中所界定的沿岸区域，水域部分包括从水域到临海部分。但在与学术界有关的领域，像上面所说的限定滨水区区域距离的例子极少，广阔区域内，从分水岭到水际线，或是对海湾某个海水群有影响的陆地上的流入范围，从陆域边界可及范围等广泛的区域，到沿陆地浅海部分这样抽象的概念，不同的学术领域，其解释也各不相同。

研究滨水区，筹划制定开发计划时确定滨水区对周围地区的居民有何意义是很重要的，由此，滨水区域所说的范围也各不相同。滨水区包括计划及利用的初步形式，所以，滨水区是基于滨水区利用的立场及计划立场的相互促进来处理的。日本一些专家认为：滨水区域可以根据城市居民对滨水区的认识，或是意识内在化的程度来设定。这就是说，所谓滨水区域，不仅是指从水际线以机械方式求得的距离长短，而是指城市居民对滨水区日常意识浓度较高的地区。

对规划者来说，其规划中滨水区这个场所，是可以让城市居民意识到水的存在的那个区域。然而由于滨水区的开发性质、规模、经营水平不同，水际空间对人们的影响程度也不一样。一般来说，以商业和娱乐开发为主要目标的滨水区影响范围较大，且规模越大，吸引力越强，其规划范围也越大，有时影响到整个城市；而以居住开发为主的滨水区，一般划分在居民徒步活动的范围内；在日本比较一致的看法是1500m左右。

国内一些学者认为，根据我国具体情况，通常将滨水区的范围界定为：从水际线到陆上第一个街区、宽阔而丰富的范围（图5-4-2）。

① 王超. 地域文化视角下的孟津瀍河景观设计［D］. 西安：西安建筑科技大学，2018.

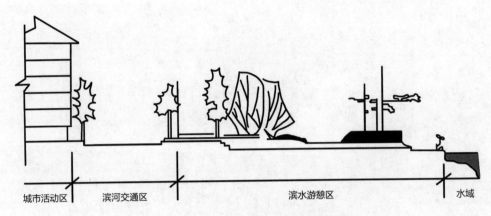

图5-4-2 城市滨水区范围与构成①
（来源：改绘自臧玥，《城市滨水空间要素整合研究》）

城市活动区　　滨河交通区　　　　　滨水游憩区　　　水域

5.4.2 滨水景观类型

根据毗邻水体性质可以分为河滨、湖滨、江滨、海滨等。

根据所处地形的不同可以分为平原型滨水区和山地型滨水区。

根据改造以及开发的程度可以分为自然和人工滨水区。②

美国学者安·布瑞和蒂克·瑞克比（Ann Breen&Dick Rigby）根据用地性质的不同，将滨水区分为商贸、娱乐休闲、文化教育和环境、居住、历史、工业港口设施六大类。③

按陆域特性的不同又可以分为城市滨水、乡村滨水、自然（原始）滨水等。④另外，按其在城市中的功能及其与城市关系来分，有旧工业区改建的滨水区、与居住区相连的滨水区、与市中心相连的多功能滨水区、旅游休憩的滨水区、新开发的滨水区、生态保护的滨水区等⑤。

5.4.3 滨水设计要素

在城市滨水空间的设计领域中，滨水设计要素的涵盖范围非常广泛。从宏观层面上讲，包括滨水区的整体规划设计，空间定位与周边关联区域的关系；从中观层面上讲，包括与城市滨水空间的形态和肌理密切相关的水体、岸线、绿化、道路、桥梁、建筑等要素；在微观层面上讲，则与环境行为学和人体工程学关系更为密切，可以具体化到与人关系最为直接的设施、尺度、形状、色彩、质感等细微层面（表5-4-3、表5-4-4）。

在逐步详细的研究范围中，介于宏观层面和微观层面之间的中观层面，起到了承上启下的重要作用。如何在众多部门之间组织协调，综合组织中观层面的各个组成要素成为滨水空间形成和发展的关键所在。因此，本书选取中观视角下的水、堤、岸、路、桥、建筑为研究对象，探讨各要素特性以及彼此之间的关系，作为整合研究的基础。

① 曾茂薇. 城市滨水区景观规划设计研究［D］. 北京：中央美术学院，2004.

② 臧玥. 城市滨水空间要素整合研究［D］. 上海：同济大学，2008.

③ Ann Breen and Dick Rigby, The New waterfront——A worldwide Urban Successsstory [M]. 1996.

④ 李建伟. 城市滨水空间评价与规划研究［D］. 西安：西北大学，2005.

⑤ 张庭伟，冯晖，彭治权编著，城市滨水区设计与开发［M］. 上海：同济大学出版社，2002.

滨水景观类型　　　　　　　　　　　　　　　　　表5-4-3

学者	分类方式	主要类型
臧玥	毗邻水体性质	河滨、湖滨、江滨、海滨
	所处地形	平原型滨水区 山地型滨水区
	改造以及开发的程度	自然滨水区 人工滨水区
安·布瑞 蒂克·瑞克比 Ann Breen&Dick Rigby	用地性质	商贸、娱乐休闲、文化教育和环境、居住、历史、工业 港口设施
李建伟	陆域特性	城市滨水、乡村滨水、自然（原始）滨水
张庭伟 冯晖 彭治权	在城市中的功能及 其与城市关系	旧工业区改建的滨水区、与居住区相连的滨水区、与市 中心相连的多功能滨水区、旅游休憩的滨水区、新开发 的滨水区、生态保护的滨水区

（来源：根据臧玥，《城市滨水空间要素整合研究》整理绘制）

滨水景观规划设计要素体系　　　　　　　　　　　表5-4-4

宏观层面（整体结构）	与城市总体规划功能定位协调、与周边区域开发的互动作用、整体规划开发、与城市开放 空间的关系、与城市道路体系的联系	
中观层面（空间形态）	水体、绿化	自然性设计要素
	堤坝、广场、桥梁、建筑	人工型设计要素
微观层面（环境细节）	尺度、形状、色彩、材料质感、亲水设施、绿化形态设计	

（来源：根据臧玥，《城市滨水空间要素整合研究》整理绘制）

水：城市滨水空间设计的主体，水的特型、水质的优劣、水域的气候、水域的形态都影响着整个滨水空间设计趋向。

堤：沿江、河、湖、海的边岸修建的挡水建筑物，借以防止洪水泛滥。[1]具有防洪和亲水的双重责任。

岸：滨临江、河、湖、海等水域的边缘的陆地。其目的是用于保护河岸和堤防避免受水流的冲刷作用。滨水绿地和广场等公共活动空间多设在护岸之上，因此城市护岸是人与水接触的支撑点。

路：城市滨水区的道路包括：机动车道路用作完成与城市大交通系统的衔接；非机动车道路用作游憩和观光功能，为自行车、观光车服务；步行道路，专为滨水漫游步道准备；静态交通，包括水路换乘的站点枢纽和停车场的设置。

桥：桥梁本质是在两点之间提供通达的可能，以跨越自然和人工的障碍，在滨水空间具有景观和交通的双重功能。[2]

将对滨水景观设计要素进行整合，对滨水区内各相关要素内在联系性的挖掘，充分利用不同功能之间的关联性和不同功能之间的协调运作，达到整体大于部分之和，打破既有模式，产生新的城市形态。[3]同时注意避免和克服滨水各要素设计中各自孤立，彼此分离的趋势（图5-4-3）。

---

① 辞海委员会编. 辞海. 上海：上海辞书出版社，1980，P788.

② 维雷娜·辛德勒，项琳斐译. 桥的模糊性. 世界建筑，2008（1）：17.

③ 刘捷著，城市形态的整合. 南京：东南大学出版社，2004：8-9.

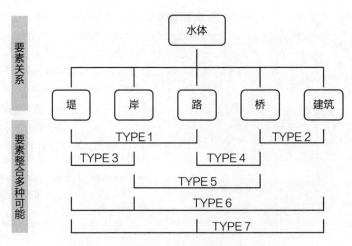

图5-4-3 滨水要素之间整合多种关系图示①
（来源：臧玥，《城市滨水空间要素整合研究》）

5.4.4 滨水景观设计案例解析

（1）泾河新城泾河环境提升治理概念性规划设计

1）项目区位

泾河是黄河二级支流、渭河的最大支流，发源于宁夏六盘山东麓，全长455km。泾河发育在黄土高原上，深切黄土高原和丘陵，甘肃宁县政平乡以上为上游段，上游泾河河谷开阔，川地平坦完整；政平至张家山为中游段，先后流经亭口狭窄谷道、彬县平坦谷地与陡崖险滩进入张家山；张家山至河口为泾河下游段，本段为关中冲积平原，河道两岸为黄土阶地，于高陵县汇入渭河左岸，沿渭河向东至渭南市潼关县汇入黄河。流域内地形西高东低、北高南低，形成东西北三面向东南倾斜的地势和梁、塬、峁与黄土沟壑镶嵌其中，黄土地貌景观独特。泾河在历史时期的变化情况比较显著，并有一定的规律可循，泾河变化的基本情况可以归纳为河道偏移、水量减小、水质变浑、湖泊湮废、航运受限、灾害频仍等，在不可抗力的自然原因和肆意破坏的人为影响下，泾河在各个方面都向着恶化和衰退的方向发展（图5-4-4）。

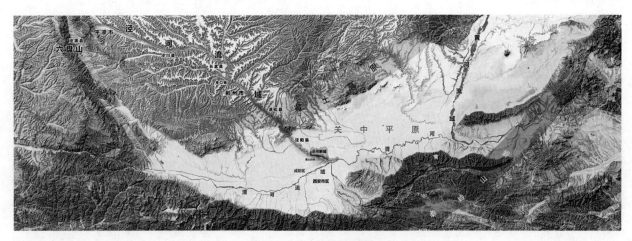

图5-4-4 泾河新城区位
（来源：泾河新城泾河环境提升治理概念性规划设计方案册）

---

① 臧玥. 城市滨水空间要素整合研究［D］. 上海：同济大学，2008.

2）项目概况

项目所在地为泾河新城，位于陕西省西安市大都市圈北缘，南临秦汉新城，东接泾渭新城，西靠空港新城，是未来大西安北拓的核心。新城距西安市中心28km，距咸阳市中心27km，距西咸国际机场13km。泾河是泾河新城的母亲河，在泾河新城内全长17.5km，承载着泾河新城丰富的人文历史与生态底蕴。泾河新城泾河生态环境综合治理项目旨在将泾河廊道打造成为泾河新城的城市形象窗口、功能活力区域、生态环境示范廊道（图5-4-5）。

项目范围为泾河新城范围内泾河左右岸防洪堤范围内及防洪堤向外延伸至第一条市政道路，面积约$24km^2$。其中秦汉大道至正阳大道段为重点设计区域，长度约8km。

3）设计理念

以“与水共生”为原则，以跨学科的思考方式，创立整体解决方案将绿色生态的防洪措施与多元综合的生态景观策略相结合（图5-4-6）。

“与水共生”的设计，能够在更好保障防洪安全的同时，维护自然河流的动态平衡，为更多的动植物营造适宜的栖息地，创造出景观优美、妙趣横生的城市滨水公园。

4）设计策略

设计的总体策略：

连接河流与城市——延长绿手指，设计完整蓝绿网络体系，缝合两岸开放空间；整合防洪安全与生态——综合河流管理，营造生物栖息地，创造城市生态廊道；激活文旅发展潜能——丰富旅游功能，利用泾河改造激发新城文旅发展潜能（图5-4-7）。

5）总体景观规划设计

通过蓝绿活水营城——滨河空间链接新城范围蓝绿网络，促进城市和河流的紧密联系；生态滩地水链——沿河设计一系列自然滩地、人工湿地、浅水湖池、雨水花园等承担蓄水、净化、生

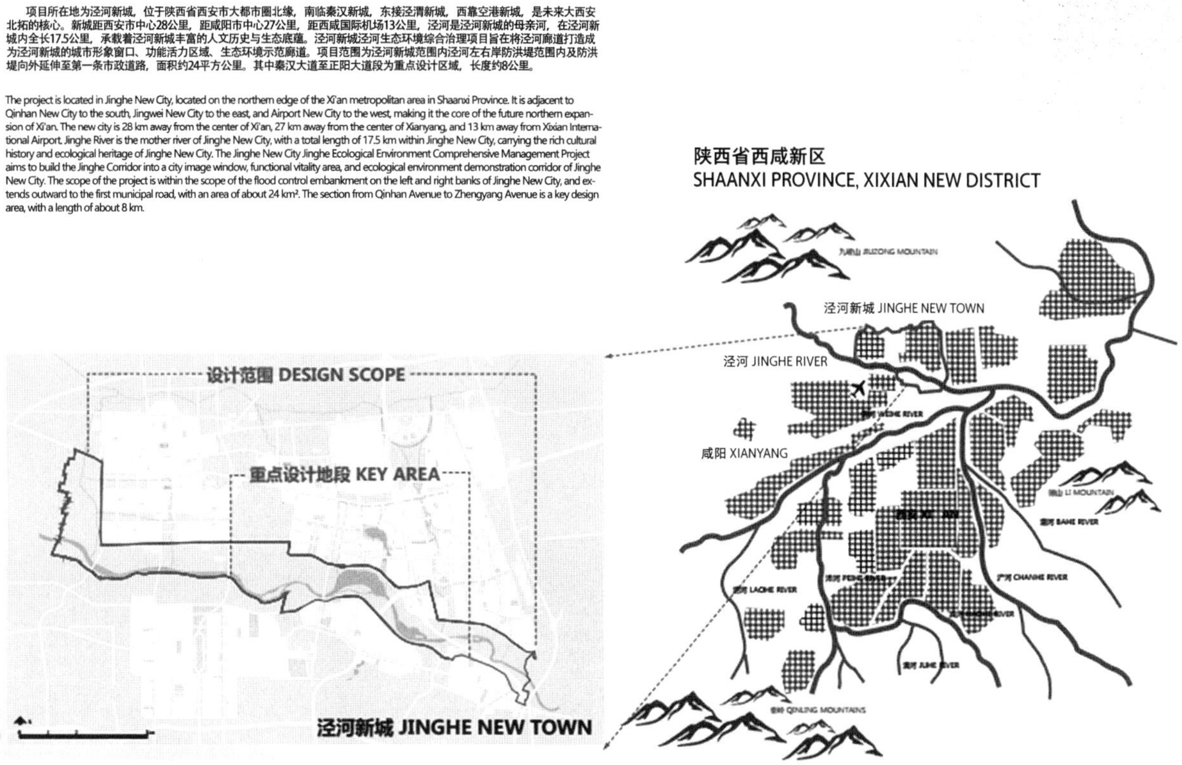

项目所在地为泾河新城，位于陕西省西安市大都市圈北缘，南临秦汉新城，东接泾渭新城，西靠空港新城，是未来大西安北拓的核心。新城距西安市中心28公里，距咸阳市中心27公里，距西咸国际机场13公里，泾河是泾河新城的母亲河，在泾河新城内全长17.5公里，承载着泾河新城丰富的人文历史与生态底蕴。泾河新城泾河生态环境综合治理项目旨在将泾河廊道打造成为泾河新城的城市形象窗口、功能活力区域、生态环境示范廊道。项目范围为泾河新城范围内泾河左右岸防洪堤范围内及防洪堤向外延伸至第一条市政道路，面积约24平方公里。其中秦汉大道至正阳大道段为重点设计区域，长度约8公里。
The project is located in Jinghe New City, located on the northern edge of the Xi'an metropolitan area in Shaanxi Province. It is adjacent to Qinhan New City to the south, Jingwei New City to the east, and Airport New City to the west, making it the core of the future northern expansion of Xi'an. The new city is 28 km away from the center of Xi'an, 27 km away from the center of Xianyang, and 13 km away from Xixian International Airport. Jinghe River is the mother river of Jinghe New City, with a total length of 17.5 km within Jinghe New City, carrying the rich cultural history and ecological heritage of Jinghe New City. The Jinghe New City Jinghe Ecological Environment Comprehensive Management Project aims to build the Jinghe Corridor into a city image window, functional vitality area, and ecological environment demonstration corridor of Jinghe New City. The scope of the project is within the scope of the flood control embankment on the left and right banks of Jinghe New City, and extends outward to the first municipal road, with an area of about 24 km². The section from Qinhan Avenue to Zhengyang Avenue is a key design area, with a length of about 8 km.
设计范围 DESIGN SCOPE
重点设计地段 KEY AREA
10
泾河新城 JINGHE NEW TOWN
陕西省西咸新区
SHAANXI PROVINCE, XIXIAN NEW DISTRICT
泾河新城 JINGHE NEW TOWN
泾河 JINGHE RIVER
咸阳 XIANYANG

图5-4-5 泾河新城区位
（来源：改绘自泾河新城泾河环境提升治理概念性规划设计方案册）

图5-4-6 泾河新城设计理念
（来源：泾河新城泾河环境提升治理概念性规划设计方案册）

图5-4-7 泾河新城设计策略
（来源：泾河新城泾河环境提升治理概念性规划设计方案册）

态栖息地、游憩观赏等职能；文旅潜力激活——注入多样化功能，如亲水玩乐、自然探索、田园休闲、文化游览等，结合全季活动吸引游客流量，同时设计与新城内崇文塔、茯茶小镇、大地原点、乐华城等文化旅游资源的直接联系，构建全城文旅网络（图5-4-8）。

设计将营造出舒适宜人、生机盎然的滨河公园。多样化的生境、丰富的景观序列和城市水岸亲水环境，建立起城市与水、人与水之间的亲密关系（图5-4-9）。

总体规划平面功能分区，分为七个部分，依次为有机农业示范区、田园休闲区、都市戏水区、滨河野趣区、城市阳台区、水畔娱乐区、自然探索区（图5-4-10）。

沃沃泾野，北有仲山、嵯峨山，南有北蟒原，泾水从中流过，土地平坦，村落相连，山水遥望下的"泾阳八景"闻名遐迩，承载着泾阳地区独特的历史文脉与人文气质。以"泾阳八景"为依托，将总体规划平面分为八大主题，依次为瀛洲春草、畦城古渡、陇坡丛绿、文川秀色、谷口晚烟、都市水岸、烟波鹭鸥、文塔晓钟（图5-4-11）。

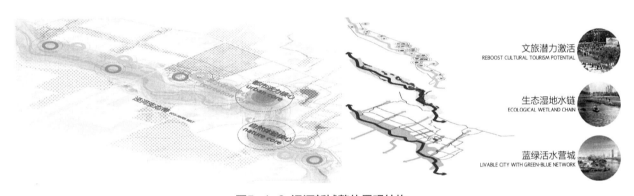

图5-4-8 泾河新城整体景观结构
（来源：泾河新城泾河环境提升治理概念性规划设计方案册）

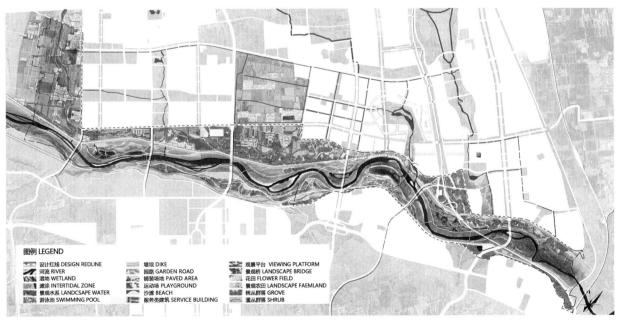

图5-4-9 泾河新城总体规划平面
（来源：泾河新城泾河环境提升治理概念性规划设计方案册）

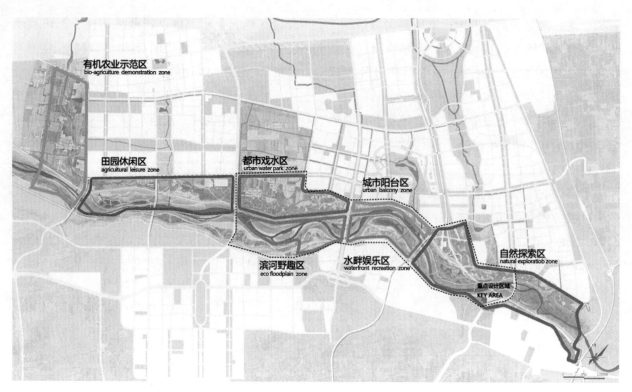

图5-4-10 泾河新城总体规划分区
（来源：泾河新城泾河环境提升治理概念性规划设计方案册）

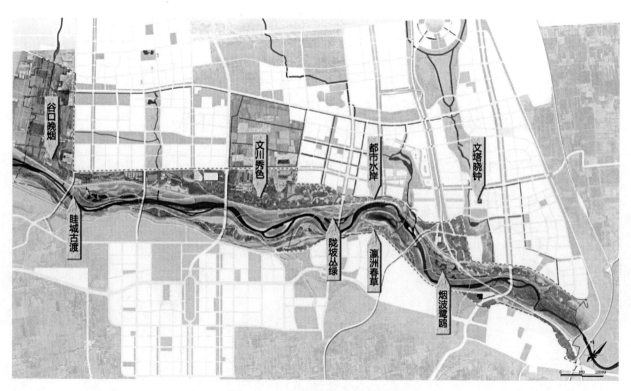

图5-4-11 泾河新城规划主题分区
（来源：泾河新城泾河环境提升治理概念性规划设计方案册）

图5-4-12 泾河新城重点区域规划设计
（来源：泾河新城泾河环境提升治理概念性规划设计方案册）

6）重点区域设计

重点区域设计定义为新城泾河治理的重中之重，靠近新城CBD以及未来谷区域，范围从秦汉大道至正阳大道。根据场地特点，城市空间关系和游戏活动，设计分为五个主题景观区：都市戏水区、滨河野趣休闲区、城市阳台景观区、水畔休闲娱乐区、自然探索体验区（图5-4-12）。

都市戏水区收集第一污水处理厂的尾水，通过净水水系，让人们体验净化过程，这里既是公众科普教育中心，也为公园提供清洁的景观用水。

滨河野趣休闲区是河流生态廊道的核心区域，架设的自行道和步道让人们有机会亲近河畔，感受自然野趣。

城市阳台景观区是新城未来的中心区，也是公园的门户展示带，开放的滨水大道为城市提供丰富的公共活动空间，一条文化景观环线将点亮泾河新城的核心地带。

水畔休闲娱乐区靠近水上乐园乐华城，是家庭运动与亲子活动的场所，与河道相连的浅水区形成宽阔的湖面，市民有机会在此体验多样的水上娱乐活动。

自然探索体验区是自然运动探险公园，人们可以探索滨河滩地的奥秘，观察鸟类的活动，林间的攀爬主题乐园包括滑索和攀爬索道，让人们体验凌空飞渡的趣味。

都市戏水区依托于一个富有生命的水质净化系统，在原有村落与农田的基础上，形成了集水环境净化科普体验、亲水休闲、农家游玩、户外锻炼活动、花田景观于一体的景观。场地西侧污水处理厂的尾水，通过进水口泵站引入人工湿地，经过过滤、沉淀、曝气，土壤和植物及微生物的净化，进入生物净化水系，在缓慢经过滤墙、深水池、浅滩水生植物区、深水曝气区过程中，得以净化至三类净水，重新回归使用。净化后的水汇入场地东侧开阔的景观湖面，可供夏日划船、冬日滑冰，为市民在城市中体验自然提供了场所（图5-4-13）。

水系周边的密林和下洼湿润疏林，为动植物提供了栖息地，是开展青少年科普教育、观察净水过程和观鸟观鱼的理想场所。

场地北侧保留现有农田肌理和阡陌交错的田

图5-4-13 泾河新城都市戏水区入口广场
（来源：泾河新城泾河环境提升治理概念性规划设计方案册）

图5-4-14 泾河新城都市戏水区陇坡丛绿
（来源：泾河新城泾河环境提升治理概念性规划设计方案册）

间小径，重新打造融入景观价值的农家花田，并以贯通路径连系着泾河智慧农业园。花田内原有村庄的部分建筑可保留修复，成为可供游客停留休憩的农家服务站点，并可打造采摘果林、互动式动物农场、农家集市等休闲旅游活动（图5-4-14）。

城市阳台区紧邻泾河新城的核心城区以及未来的院士谷区域，设计保留已规划堤坝基础，整合改造堤坝景观为阶梯绿色堤坝及城市滨水大道，以此连接城市与河流，使之成为泾河新城及院士谷的地标景观，吸引本地市民及游客来此享受购物、餐饮、骑行、户外休闲等多种活动。

方案基础为已规划堤坝，采用堤坝景观化处理的方式，在堤坝坡面新增步道、观赏植被及观景平台（图5-4-15），最大化地融合城市公共活

力界面与滨河开放空间。

滨水大道上的半地下建筑采用地景式形态，有机波浪形态的坡状绿色屋顶与周边绿地融为一体，建筑入口充分利用现状地形与堤坝之间的高差，以下沉花园的形式连接建筑入口与绿色堤坝。建筑及花园内商业休闲、节庆广场、观光表演、文化展示等功能沿着滨水大道依次展开，提供丰富的城市服务与公共活动空间（图5-4-16）。建筑地下层同时设置了停车场。

陇坡丛绿、中央都市水岸、丝路长桥、文化剧场、瀛洲春草等景点，是此次设计的核心区域，五大文化节点形成一条文化景观环线，使游人可以在此感受到浓厚的文化氛围和热烈的都市活力（图5-4-17）。

水畔休闲娱乐区的核心景观是一处开阔的景

图5-4-15 泾河新城城市阳台区挑出式观景阳台
（来源：泾河新城泾河环境提升治理概念性规划设计方案册）

图5-4-16 泾河新城城市阳台区城市滨水公共空间
（来源：泾河新城泾河环境提升治理概念性规划设计方案册）

图5-4-17 泾河新城城市阳台区中央都市水岸
（来源：泾河新城泾河环境提升治理概念性规划设计方案册）

图5-4-18 泾河新城城市阳台区休闲沙滩
（来源：泾河新城泾河环境提升治理概念性规划设计方案册）

观湖。该湖是"还地于河"河流管理策略中的一环，为了给城市核心区提供更高的水安全保障与水环境价值，该水系通过河湾分洪支流，形成一片浅水湖面，在发生洪水时可以作为过洪通道，平日里既可作为水上休闲活动的场所，又能为鱼类产卵提供理想场所。围绕着此景观湖，设置了休闲沙滩、滨湖步道、游客服务中心，并依现状地势起伏，沿堤防迎水坡打造层级错落的花带步道，还原"瀛洲春草"的景致（图5-4-18）。

滨河野趣休闲区处于泾河南侧台塬边界，特殊的地貌要求这个区域的景观具有减少水土流失、稳定边坡地形的多重功能，同时这里丰富的高差变化，也带来丰富的栖息地条件，这个区域是滨河生态廊道的重要板块。人们骑行在架设的自行车道上可以近距离感受泾河的原生态风暴（图5-4-19）。

自然探索区从崇文湖支流水系引水，通过一系列净化措施后流入河滩地景观中。滩地区域采用低影响的设施，布置有探索步道、观景平台以及湿润、半湿润环境下的多种滨河滩地生群落景观，是市民观察自然和探索自然的场所（图5-4-20）。

滨河滩地水系中的单人皮划艇、周边密林里的攀爬公园、互动体育设施、林间吊索等丰富的活动带给游人在自然中探索和运动的全新体验（图5-4-21）。

设计的自行车道与崇文塔、大地原点轴线相连，形成贯通网络，在入口区设置观景平台，让人们在泾河边体会到文塔晓钟的古意（图5-4-22）。

（2）上海——苏州河滨水景观设计

1）设计规划区域

苏州河是上海的母亲河，古称"吴淞江"，

图5-4-19 泾河新城滨河野趣区陇坡丛绿
（来源：泾河新城泾河环境提升治理概念性规划设计方案册）

图5-4-20 泾河新城自然探索区滨河滩涂步道
（来源：泾河新城泾河环境提升治理概念性规划设计方案册）

图5-4-21 泾河新城自然探索区攀爬瞭望塔
（来源：泾河新城泾河环境提升治理概念性规划设计方案册）

图5-4-22 泾河新城自然探索区文塔晓钟
（来源：泾河新城泾河环境提升治理概念性规划设计方案册）

源起太湖瓜泾口，东至黄浦江，全长125km，其中上海境内苏州河总长53.1km。此次更新规划为市区段，长约23.8km，流经长宁、普陀、静安、闸北、虹口、黄浦6个区，总面积20.6km（图5-4-23）。

如果说黄浦江外滩一段展示了上海曾经作为远东最繁华城市的横断面，那么苏州河及其滨水地带则是上海城市发展的纵剖面。它见证了上海百年工业文明的变迁。记录了更长的城市历史和城市平民生活中更多元化的发展脉络，同时又是上海"一纵两横"（一纵：黄浦江沿线；两横：苏州河沿线，延安路高架沿线）绿色走廊的重要组成部分。

苏州河水系属于平原感潮河网，是上海市重要的自然地表水体，原本水质清澈。20世纪初上海人口增多，工业快速发展，大量生活污水和生产废水排入苏州河，河水受到污染，自20世纪20年代起水质出现黑臭现象。此后，苏州河污染逐年加重，空间环境不断恶化。在综合整治以前，苏州河沿岸呈现出一种城市衰败区域的景象。从1998年开始，苏州河分期实施了一期、二期和三期的环境综合整治工程，基本消除了干流的黑臭现象。苏州河两岸环境面貌得到明显的改观（图5-4-24）。

2）设计规划目标

苏州河及其滨水地带将成为上海市区潜在的生态轴、社会轴、经济轴之一。如何保护和强调历史建筑，整合两岸滨水区（重新整合南北两岸）与城市区域功能、秩序和文脉，达到沿岸景观的和谐统一，使苏州河更符合其功能与形象定

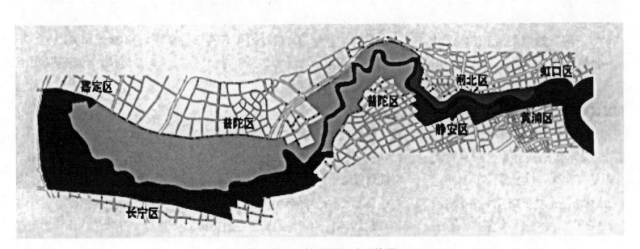

图5-4-23 苏州河行政区位图
（来源：张凯旋，王瑞，达良俊. 上海苏州河滨水区更新规划研究 [J]. 现代城市研究，2010，25（01）：40-46.）

图5-4-24 苏州河行政区位图
（来源：SASAKI设计事务所官网）

位：娱乐旅游带、城市形象立面、生态廊道、兼具水利、运输等功能的公共空间廊道，是规划的主要目标。

3）总体规划设计

为了充分挖掘苏州河区域的潜能，Sasaki设计事务所重点拓展滨河区域，联通相邻的城市地块。设计提出为公众创造出一个由休闲河岸以及活力临街城市界面勾勒的都市文化流域。通过新建综合开发项目以及加强区域与包括上海火车站、M50创意园区等邻近目的地的联系，原本被隔离开来的区域将重现活力（图5-4-25）。

4）设计规划方法

课题组通过对苏州河两岸整体资源和现状环境的实地调研，在对苏州河两岸的历史肌理、文化肌理和景观肌理进行梳理和分析评价的基础上，运用生态学、游憩心理学、城市设计、景观视觉评价和遗产保护的理论方法探讨苏州河滨水区的更新规划。

（3）从线性规划到复合规划

突破城市河流作为传统"线"性空间规划的局限，将水与岸同步规划，突出河流生态廊道和文化载体的作用。将滨水道路红线、城市绿线、河道蓝线以及历史街区和历史建筑保护紫线一体规划，统筹考虑城市河道的复合功能（图5-4-26）。

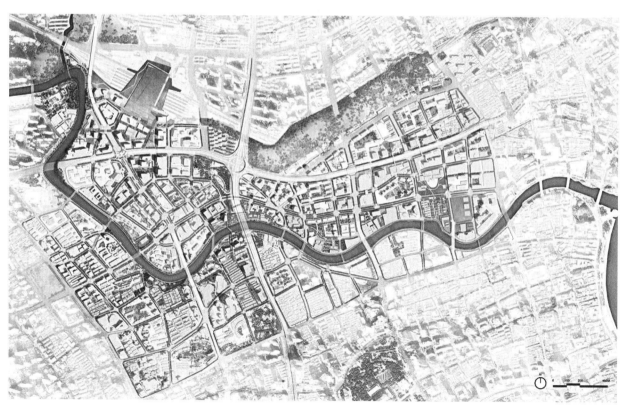

图5-4-25 苏州河总规划平面图
（来源：SASAKI设计事务所官网）

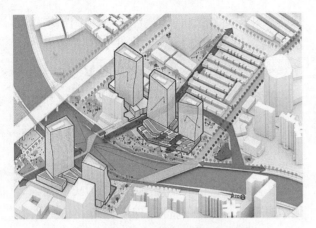

图5-4-26 苏州河各区域连续规划
（来源：SASAKI设计事务所官网）

图5-4-27 苏州河立体规划设计
（来源：SASAKI设计事务所官网）

（4）从平面构成设计到立体分层设计

苏州河更新规划不仅仅是平面构成设计，规划采用立体分层设计的方式（图5-4-27），不同空间和功能呈复合式立体叠加，结构的融合；以蓝绿空间为纽带，连接建筑、水体、绿地、道路场地、桥梁和防汛等各种滨水要素。功能的融合：融合商务、旅游、交通、居住、休闲等多种功能。即河岸是空间上完全融合的功能叠加区；价值的融合：体现水岸社会、经济、文化、历史、生态和景观价值的共同实现；时间的融合；用文化的"魂"历史的、现实的、未来的要素串联起来。无论是有形的建筑，还是无形的文化，均在被融进苏州河后重新布局，没有隔断和突兀（图5-4-28）。

（5）单一体验到多元体验

由于观赏点的不同，观赏速度的差异，观赏者对滨水景观构成要素的视域范围和景观感受也就不同。传统亲水观景方式主要通过步行和车行的方式，随着苏州河观光旅游产业的发展和两岸土地利用方式的变化，在空间允许的情况下，设计引入阶梯湿地，用以恢复原生栖息地、应对雨洪的影响，以及为公众提供亲水活动的空间（图5-4-29）。

在不得不设置防汛墙的局促空间，这些原本呆板的防洪设施被改造为城市画廊，垂直的墙体摇身一变成为画布，可供本地艺术家进行创作。同时考虑游隙心里和感知方式的不同，提供给游人多角度、全方位的体验方式（图5-4-30）。

图5-4-28 苏州河水岸设计
（来源：SASAKI设计事务所官网）

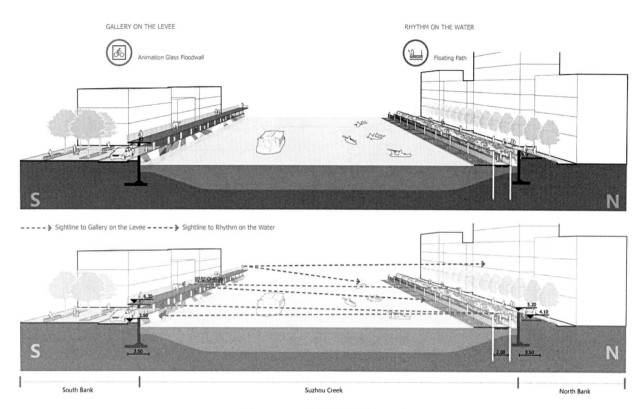

图5-4-29 苏州河亲水空间设计
（来源：SASAKI设计事务所官网）

WATERFRONT CONNECTION AND IMPROVEMENT STRATEGIES

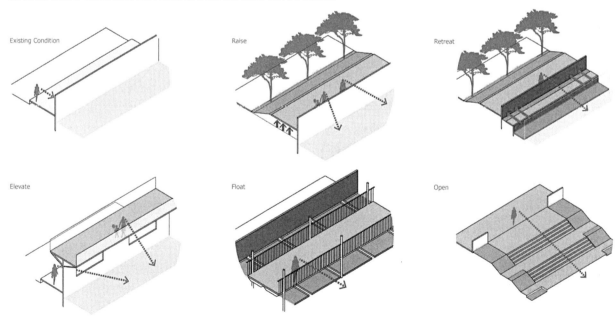

图5-4-30 苏州河不同体验方式图示
（来源：SASAKI设计事务所官网）

5.5 主题公园景观

5.5.1 主题公园景观概述

"主题公园"一词源自于英语"Theme Park"，尤以西方迪斯尼乐园等为典型代表。但是关于主题公园概念的界定问题，学界还存在不同看法，时至今日，主题公园仍然没有一个公认的概念。从迪斯尼乐园诞生以来，就引起了人们的兴趣和关注，由于主题公园从内容到形式的不断发展，主题公园的基本概念并没有一个国际公认的标准定义。中国社会科学院财贸所张广瑞指出，由于近年来各种娱乐、教育、游览设施功能的趋同，使主题公园、游乐园、休闲中心以及博物馆等设施的界限也变得越来越模糊，你中有我，我中有你。[①]从字面上看，主题公园可以分解出三层含义：一为"主题"，以参与性、娱乐性、观赏性项目为主题；二是"公"，即游客的大众性、普遍性；三即"园"，体现了它的享受性、娱乐性（图5-5-1）。

检索国外旅游资讯和文献，一般认为，主题公园是脱胎于欧洲古代和中世纪节庆聚会场所的娱乐园，是工业革命后游乐园的进一步发展。美国国家娱乐公园历史协会认为："主题公园是指乘骑、景点、表演和建筑都围绕一个或一组主题而建的娱乐园"[②]。美国主题公园在线给出的解释是"这样一个公园，它通常面积较大，拥有一个或多个主题区域，区域内设有表明主题的乘骑设施和吸引物"[③]。综上所述，国外对主题公园有所定义，虽都各抒己见，难于达成一致，但大都包含如下共识：①为旅游者的消遣、娱乐而设计和经营的场所；②具有多种吸引物，包括餐饮、购物等服务设施；③围绕一个或几个主题：开展多种有吸引力的活动；④实行商业性经营等。

因此可将专门为旅游休闲活动而设计建造的各类娱乐场所统称为主题公园[④]。国外绝大多数业内人士也认同主题公园是通过各种设施和吸引物来为游客提供娱乐和经历的场所，多数主题公园都具有食品零售店、纪念品商店等辅助设施[⑤]。

从检索国内主题相关资料上看，主题公园在刚刚传入我国时，人们习惯称之为"人造景点"或"人造景观"，较早提到与主题公园有关的论文是由被称"中国主题公园之父"的原香港中旅集团总经理、深圳华侨城建设指挥部主任马志民所写，其中写道："人造景观本身多由静物组成，具有一定的文化内涵和艺术欣赏价值。即便作为旅游景区，还应具备趣味性、娱乐性及参与性等基本属性，方能吸引不同层次、不同目的、不同兴趣的游客前来"[⑥]。国内主题公园诞生

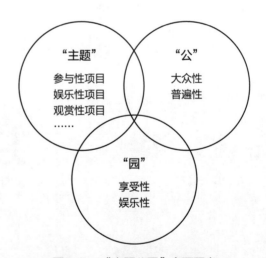

图5-5-1 "主题公园"字面释义
（来源：根据刘刚田，游娟，魏瑛《景观设计》整理）

① 徐菊凤. 中国主题公园及其文娱表演研讨会综述 [J]. 旅游学刊，1998（05）：22.

② 美国国家娱乐公园历史协会官方网站。

③ 主题公园在线网站。

④ Watt. Event Management in Leisure and Touri sm[M]. Essex, England. 1998.

⑤ Coddington Walter. How to Green Up Your Marketing[J]. Advertising Age vol.3:30:15-17.

⑥ 马志民：《人造景观的实践与体验》，载《深圳大学学报（人文社会科学版）》，1995年第4期，p86.

伊始，学术界，舆论界就表现出极大的关注和兴趣，一直试图给出准确、统一的定义，现选择其有代表性的界定罗列如下（表5-5-1）。

此外，吴承照[①]、魏小安[②]等人也分别从不同角度对主题公园作了定义。总结以上国内外相关文献，可以将主题公园的概念大体理解为：追随时代进步的节奏，主题公园是为了满足旅游者不断变化的需求，融合现代科学技术与文化内涵，以一个和多个主题为吸引物，且包含多种服务设施的旅游目的地形态。

5.5.2 主题公园景观类型

关于主题公园的分类研究，目前尚无统一的标准。划分标准不同，则划分出的类型也不同

（表5-5-2、表5-5-3）。

从上述的各种划分类型中可看出，划分标准的角度不同，则得出的结论也是不同的。其中郑维、董观志（2005）[③]（Chris L.Yashi）（2003）根据主题公园的规模大小、项目特征和服务半径，分为目的地主题公园、地区性主题公园、主题游乐园、地方性主题公园、小规模主题公园5种类型，综合比较来看，其分类方法有一定的合理性（表5-5-4），在其所分的5种类型中，每个类型在主题选择、投资规模、市场腹地、游客量、停留时间等方面有比较大的差异，类型划分清晰可辨，可操作性强，而其他的分类方法，实际上是将主题公园的多种特征细化。

主题公园的概念界定　　　　　　　　　　　　　　　　　　　表5-5-1

学者	相关文献	相关概念解析
保继刚	《大型主题公园布局初步研究》	主题公园是一种人造旅游资源，它着重于特别的构思，围绕一个或多个主题创造一系列有特别的环境和气氛的项目吸引旅游者[④]
周向频	《主题公园建设与文化精致原则》	主题公园是一种以游乐为目标的拟态环境塑造，或称之为模拟景观的呈现。它的最大特点就是赋予游乐形式以某种主题，围绕既定主题来营造游乐的内容与形式，园内所有的色彩、造型、植被等都为主题服务，共同构成游客容易辨认的特质和游园的线索[⑤]
楼嘉军	《试论我国的主题公园》	主题公园是现代旅游业在旅游资源开发过程中产生的新的旅游吸引物，是自然资源和人文资源的边际资源，是信息资源与旅游资源相结合的休闲度假和旅游活动空间，是根据一个特定的主题，采用现代科学技术和多层次空间活动的设置方式，及诸多娱乐活动、休闲要素和服务接待设施于一体的现代旅游目的地[⑥]
李植斌，梁萍	《我国城市主题公园的持续发展研究》	主题公园是具有特定的主题，由人创造而成的舞台化的休闲娱乐活动空间[⑦]
董观志	《旅游主题公园管理原理与实务》	为了满足游客多样化休闲娱乐需求和选择面建造的一种具有创意性游园线索和策划性活动方式的现代旅游目的地形态

（来源：福州大学地域建筑与环境艺术研究所绘制）

---

① 吴承照. 现代旅游规划设计原理与方法［M］. 青岛：青岛出版社，1998.

② 魏小安，刘赵平，张树民. 中国旅游业新世纪发展大趋势［M］. 广州：广东旅游出版社，1999.

③ 郑维，董观志. 主题公园营销模式与技术. 北京：中国旅游出版社，2005.

④ 保继刚. 大型主题公园布局初步研究［J］. 地理研究，1994（03）：83-89.

⑤ 周向频. 主题公园建设与文化精致原则［J］. 城市规划汇刊，1995，（4）.

⑥ 楼嘉军. 试论我国的主题公园［J］. 桂林旅游高等专科学校学报，1998，（03）：47-51.

⑦ 李植斌，梁萍. 我国城市主题公园的持续发展研究［J］. 经济工作导刊，2000，（07）：17-18.

相关学者对于主题公园的分类 表5-5-2

学者	分类方式	分类标准	主要类型
吴承照[①]	吸引力大小	国际吸引力（大型主题园）主题公园标准： ①年游客量1000万以上。 ②10000~20000名固定员工。 ③初期投资超过15亿美元。 区域吸引力（中型主题园）主题公园标准： ①年游客量100万~400万以上。	国际吸引力 区域吸引力 地方吸引力
	投资金额 占地规模	②100~300名固定员工，旺季增加300~700临时工。 ③初期投资超过5000万~1亿美元，年营业收入1500万~5000万美元。 地方吸引力（小型主题园）主题公园标准： ①年游客量10万~50万以上。 ②50~100名固定员工。 ③初期投资超过500~1500美元，年收入200万~500万美元	大型主题园 中型主题园 小型主题园
董观志[②]	服务半径 客源市场	无	国际级主题公园 国家级主题公园 地区级主题公园 市级主题公园
	主题性质	无	历史类、微缩景观类 民俗文化类、文学类 影视类、科学技术类 自然生态类、综合类
	主题公园所在 位置	无	城市主题公园 城郊主题公园 乡村主题公园 海滨主题公园 交通干线主题公园
	主要功能	无	静景观赏型主题公园 动景观赏型主题公园 活动体验型主题公园 科幻探险型主题公园
	造园原理	无	园林类主题公园 非园林类主题公园
	表现形式	无	室内主题公园 室外主题公园 地面主题公园 地下主题公园
	经营管理方式	无	独立性经营管理类型 集体化经营管理类型 连锁经营管理类型
	高新科技含量	无	传统技术型主题公园 现代技术型主题公园 高新技术型主题公园
	投资性质	无	国有主题公园 集体性主题公园 合资主题公园 外商主题公园 私有主题公园

---

① 吴承照. 现代旅游规划设计原理与方法. 青岛：青岛出版社，1998.

② 董观志. 旅游主题公园管理原理与实务［M］. 广州：广东旅游出版社，2000.

学者	分类方式	分类标准	主要类型
郑维、董观志	规模大小 项目特征服务 半径	无	大型主题公园 地区性主题公园 主题游乐园 小规模公园和景点 教育性景点

（来源：福州大学地域建筑与环境艺术研究所绘制）

主题公园的类型   表5-5-3

划分依据	内容
根据主题公园的服务半径或客源市场划分	国际级主题公园
	国家级主题
	地区级主题公园
	市级主题公园
根据主题公园的主题性质划分	历史类
	微缩景观类
	民俗文化类
	文学类
	影视类
	科学技术类
	自然生态类
	综合类
根据主题公园所在的位置划分	城市主题公园
	城郊主题公园
	乡村主题公园
	海滨主题公园
	交通干线沿线主题公园
根据主题公园的主要功能来划分	静景观赏型主题公园
	动景观赏型主题公园
	艺术表演型主题公园
	活动体验型主题公园
	科幻探险型主题公园
根据主题公园的造园原理划分	园林类主题公园
	非园林类主题公园
根据主题公园的表现形式划分	室内主题公园
	室外主题公园
	地面主题公园
	地下主题公园
根据主题公园的高新科技含量划分	传统技术型（以机械技术为主）主题公园
	现代技术型（以电子技术为主）主题公园
	高新技术型（以网络化技术、数字化技术、虚拟现实技术为主）主题公园
根据主题公园的投资性质划分	国有主题公园
	集体主题公园
	合资主题公园
	外商独资主题公园
	私有主题公园

（来源：福州大学地域建筑与环境艺术研究所绘制）

不同类型主题公园的的基本特征　　　　　　　　　表5-5-4

类型	特征					实例
	主题选择	投资规模	市场腹地	年游客量	停留时间	
目的地主题公园	主题鲜明或多个部分构成的主要品牌吸引力	超15亿美元	国际市场	1000万人次	8小时以上	迪斯尼世界/环球影城
		约15亿美元	全国市场	500万人次	6~8小时	深圳华侨城
地区性主题公园	主题的路线和表演	约2亿美元	省内和邻省市场	150万~350万人次	4~6小时	香港海洋公园
主题游乐园	有限主题	约1亿美元	所在城市及其周边	100万~200万人次	约3小时	苏州乐园
地方性主题公园	一定主题	300万~8000万美元	所在城市	20万~100万人次	2小时以内	杭州宋城
小规模主题公园	水族馆/博物馆	300万美元以下	所在城市	40万人次以下	时间更短	青岛海洋馆

（来源：福州大学地域建筑与环境艺术研究所根据资料绘制）

5.5.3 主题公园景观规划设计案例解析

（1）大唐芙蓉园——唐风文化主题公园

大唐芙蓉园是一个以盛唐文化为背景建立起来的主题公园，唐代的历史文化、园林特征，曲江芙蓉园环境的历史变迁、西安这座历史文化名城的底蕴等都是大唐芙蓉园建立的根基。

大唐芙蓉园占地1000ha，其中水体300ha，总投资人民币13亿元，是西北地区最大的文化主题公园，建于原唐代芙蓉园遗址以北，是中国第一个全方位展示盛唐风貌的大型皇家园林式文化主题公园，包括紫云楼、仕女馆、御宴宫、芳林苑、凤鸣九天剧院、杏园、陆羽茶社、唐市、曲江流饮等众多景点。大唐芙蓉园创下多项纪录：有全球最大的水景表演，是首个"五感"（即视觉、听觉、嗅觉、触觉、味觉）主题公园；拥有全球最大户外香化工程；是全国最大的仿唐皇家建筑群，集中国园林及建筑艺术之大成。①

大唐芙蓉园在景观规划的总体布局中，运用了我国传统的规划方法，将体现历史风貌、现状地形和现代旅游功能三方面有机地结合起来，所以在山水空间之中总体布局有强烈的轴线感，形成对称、对位的关系，主从有序，层次分明（图5-5-2）。但由于其规模庞大，形成了以自然景观为背景，以建筑为核心，配置景区或景点的总体布局手法，构成了规模宏大、层次丰富、因山就水、功能各异、相互成景的景观体系，形成了中轴、西翼、东翼、环湖四大景区。中轴区位于公园的中心部位，是演艺区，主轴从南到北依次是"凤鸣九天"歌舞剧院、紫云湖、紫云楼、临湖的"观澜台"以及延伸至湖心的"焰火岛"；主轴区西侧是由能容纳4500人同时用餐的御宴宫和"曲水流觞"构成的西翼区；东翼区以全园主峰"茱萸台"为中心，其南麓为表现唐代物质文明的市井商业氛围的唐集市，其北麓为表现唐代精神文明之最的唐诗林，而茱萸台上的茱萸林是北俯芙蓉园、南眺曲江区、遥望终南山的最佳场所；环湖区十六个景点大都是以湖光山色、自然景观为欣赏对象，本身同时又点化了风景的"纯园林建筑"，如石舫龙舟、曲江亭、牡丹亭、赏

---

① 李志强. 主题公园文化的规划表达初探［D］. 重庆：西南大学，2007.

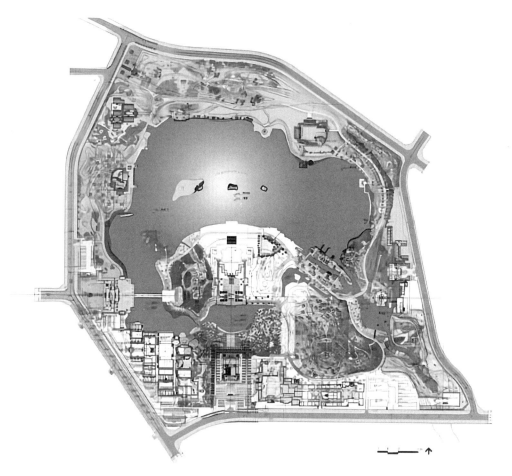

图5-5-2 大唐芙蓉园总平面规划图
（来源:《大唐芙蓉园设计图册》）

雪亭、彩霞亭廊等。湖区有四组较大的园林建筑：陆羽茶社、杏园、仕女馆、芳林苑。这四组园林建筑都有明确功能，也是全园重要景点。此外滨湖的景点还有柳岸春晓、"丽人行"群雕、梅花谷、翠竹林、桃花坞、花鱼港等，宏观园中景观规划，形成了地形景观盛唐苑囿的山水格局、水体景观曲折婉转之势、建筑景观主从有序的雄伟之态、植物景观层次丰富的组团设计、园路景观动静相宜的游览网络、园林小品景观小中见大的主题延伸、高科技景观梦幻绚丽的震撼场景。

大唐芙蓉园是一座以唐文化为主题的大型皇家园林式主题公园，它是以我国古典园林中的山水格局为载体，以盛唐文化作为主线即一级主题文化，从多个二级主题文化角度出发，以景点的形式展示各个文化主题，并通过各个景点之间的情景式景观序列的安排。达成各个文化主题的整

合，最后共同汇合出盛唐皇家园林华丽而多元的景观印象（图5-5-3）。

全园共划分为十二个功能区，分别演绎十二个盛大的文化主题。以建成"历史之园、精神之园、自然之园、人文之园、艺术之园"为目标，由西北大学、陕西师范大学、中国唐史研究会、中华唐文化研究会的20多位唐史、唐诗、唐文化专家，分别组成若干专题研究组对大唐芙蓉园的历史文化内容进行重新挖掘和整理，对全园景观进行了重新规划与定位。浩若卷轶的历史典籍被浓缩为500多个创作素材，汇编成近100万字的文案，其景观内容涵盖了唐代经济、政治、文化、宗教、艺术、军事、社会生活的各个方面，集中萃取了唐文化的精华。十二个文化景观主题包括：科举文化、女性文化、诗歌文化、茶文化、宗教文化、帝王文化、饮食文化、智乐文化、外

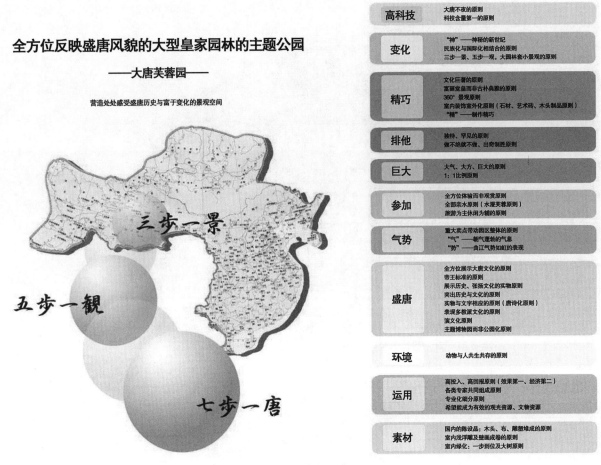

全方位反映盛唐风貌的大型皇家园林的主题公园

——大唐芙蓉园——

营造处处感受盛唐历史与富于变化的景观空间

高科技	大唐不夜的原则 科技含量第一的原则
变化	"神"——神秘的新世纪 民族化与国际化相结合的原则 三步一景、五步一观，大园林套小景观的原则
精巧	文化巨著的原则 富丽堂皇而非古朴典雅的原则 360°景观原则 室内装饰室外化原则（石材、艺术砖、木头制品原则） "精"——制作精巧
排他	独特、罕见的原则 做不绝就不做、出奇制胜原则
巨大	大气、大方、巨大的原则 1：1比例原则
参加	全方位体验而非观赏原则 全部亲水原则（水涨芙蓉原则） 旅游为主休闲为辅的原则
气势	重大卖点带动园区整体的原则 "气"——朝气蓬勃的气息 "势"——曲江气势如虹的表现
盛唐	全方位展示大唐文化的原则 帝王标准的原则 展示历史、张扬文化的实物原则 突出历史与文化的原则 实物与文字相应的原则（唐诗化原则） 表现多教派文化的原则 演化文化原则 主题博物园而非公园化原则
环境	动物与人共生共存的原则
运用	高投入、高回报原则（效果第一、经济第二） 各类专家共同组成原则 专业化细分原则 希望能成为有效的观光资源、文物资源
素材	国内的陈设品：木头、布、雕塑堆成的原则 室内浅浮雕及壁画成卷的原则 室内绿化：一步到位及大树原则

图5-5-3 大唐芙蓉园文化景观规划

（来源：《大唐芙蓉园设计图册》）

交文化、民间文化、歌舞文化、大门特色文化。

（2）张家口工业文化主题公园

京张铁路，由詹天佑设计并主持修建，1909年建成，是中国首条自行独立设计和营运的铁路。它是中国铁路史的起点，而同年投入使用的张家口北站，便是这段历史的重要标志。

2018年，京张铁路入选第一批中国工业遗产保护名录。中国城市的历史，不只有雕梁画栋的古代史，更有与人们息息相关的现代史。在这次工作中，我们尝试将真正的历史与现代并置，尊重每一段历史，每一个个体的价值，并探索了景观文化的多样性可能。结合新与旧，连接过去、现在和未来，使得一堆支离破碎的历史废料获得价值，再次融入城市生机中，从荒凉变得温暖，疮疤变成亮点。

2019年，随着作为2022冬奥会重要交通保障的京张高铁开通，张家口南站成为这座城市新的枢纽，同时，服务逾百年的北站功成身退。事实上，北站与南站之间的铁路在几年前就已渐次停用，加上沿线的煤机厂、探机场面临清退拆迁，这一片曾经兴旺繁盛、热火朝天的工业重地早已丧失功能与地位，沦为了杂乱荒芜的废墟。尴尬的是，这一狭长区域穿越城市中心而过，犹如城市脸上一条无法忽视的疤痕，加上周边是大面积住宅区，考虑到原城市肌理中公共休闲空间较少，政府决定将这片区域重新设计为公共景观空间，用于提升市民的居住环境。综合背景与诉求，我们将工作目标定为建造一所具有观赏价值、人文意趣，同时满足市民休闲娱乐需求的主题性公共空间。

现在一说到观赏性与人文性，大家很容易联想到的就是中国园林、唐诗宋词，五千年悠久历史……这是时下的流行趋势，一套中国风模板，能无缝套用在所有的中国城市里，采用这样的设计思路不费脑也不出错。只不过，流行大多浮于表面，千篇一律的设计模板更是对场所特质的漠视。当我们认真审视张家口这一段废旧空地的时候，我们看到了经年日久的铁道枕木，锈迹斑斑的货车车厢，早已停用但气势犹存的大型工业机器，曾经喧嚣如今空寂的厂房……这些物件与场所仿佛一群退休老人，初见面是沉默的，但如果你坐下来和他们聊聊天，就会听到一段又一段精彩纷呈的鲜活历史。

勘察过程中，我们透过废墟感受到了这种活力与温度。事实上，这段铁路的历史，包含着一代张家口人的青春回忆，也支撑着张家口工业发展的重要阶段。土地有着自己的语言，如果掩盖这种声音，简单粗暴地将旧地粉饰一新，最终的结果是丧失其独特的表达。综合考虑后，我们将设计思路确定为建造一所纪念张家口工业历史的文化主题公园。在设计上注重勾陈与焕新——勾陈历史，焕新价值，营造有故事、有温度，独属于这一地带的公共空间。

勾陈，就是从废铜烂铁中打捞宝藏。焕新，则是为老物件赋予新价值，易时易地，重现光彩，再次成为提振张家口市民生活环境的亮点。在这次设计中，我们基本保留了完整的铁道。依据场地内现存两条主要的铁路走向，形成公园的人字形布局，东西向为人文轴线，展现张家口工业历史进程；南北向为运动轴线，结合冬奥会主题，以体育运动休闲公园作为主要功能形态。两个轴线的交汇处是火车头文化广场。

作为景观核心亮点的火车头文化广场，其原场地为南口货场，我们的设计围绕着原场地内的铁轨和一座46m高的废弃水塔来进行。广场以铁轨为中轴，自北向南布置奥运树、火车头喷泉广场、龙门吊主题区、小蛮腰文化区四个部分，两侧为银杏+白蜡的林下空间。我们将一台产于1983年的上游型蒸汽机车放置于旱喷泉广场中央，两侧则是用旧起重机机械臂改造的灯柱，两

者呼应，形成了工业感十足的特色场域，旱喷泉则增加了体验者的参与感，使氛围轻松有活力。奥运树，舞动的钢铁，用三维软件尝试了钢铁雕塑装置的设计。

龙门吊主题区设计进一步强化了工业感。我们将原先煤机厂与探机厂的龙门吊天车置于场地之中，放置了一系列大型生产设备，布置上一定程度重现了当年生产车间的场景。体验者徜徉其间，像抚摸艺术品一样抚摸老旧机械，正如穿越时空，历史触手可及。另外，我们还用集装箱、给水水管、枕木、古城砖等构建了一处咖啡休闲区，将粗重的工业感与现代时尚糅合在一起。枕木的乌黑，龙门吊鲜明的橙红，粗壮有力的机械设备，这便是重工业时代粗犷文明的表达。在这片区域的最后，我们将设计高潮留给了46m高的废弃水塔，用钢构进行包裹，同时在钢构上配置分时控制的LED照明系统。白天，它是城市有趣的大型装置，夜间则变身大型灯光秀的载体，在整个区域内成为极具张力的记忆点和标志物。

工业历史，离不开对京张铁路的纪念。公园的东西轴线设计采用以时间为线索的景观叙事手法。自西向东分别为詹天佑文化区、蒸汽朋克乐园、内燃动力剧场、电力时代广场，串联出张家口这一城市的工业文明脉络。作为起点的詹天佑文化区，其场地肌理取材于铁轨变道，以钢轨制作的主入口logo雄浑大气，徐徐向东，阳光草坪两侧列着八块京张铁路的站牌，结合中心位置的詹天佑铜像，沉静地讲述着这座城市辉煌的故事。

与此衔接的蒸汽朋克儿童乐园则活泼欢快，充满幻想气息。在这里我们结合场地高差，在飞马、大蜗牛、蚂蚁等有塞北记忆的乡土元素中大胆融入了蒸汽朋克风格，同时改造工厂零件，将其变成滑梯等儿童娱乐设施，别具一格、童趣盎然、参与感极强，使孩子在玩耍中体会工业氛围。

内燃动力剧场是一处木平台为主的室外空间，利用原有铁路在场地内形成的不同高差，用

钢板和工业元素构成观演空间，这也是一个怀旧的露天电影院。电力时代广场，是将原先场地遗留的电力机车架线杆与光电地板结合，形成互动娱乐体验场地，适合体验者参与，同时独特的外观也适合留影拍照，增加景观记忆点。

与历史线浓墨重彩的风格相平衡，公园南北向的体育运动主题公园在设计上更加轻盈活泼。现场原有的两条城市铁路得以保留，辅之以夜景照明后，为整个南北向公园塑造了一快一慢两条步道，沿铁路还铺设有一条彩色沥青跑道，整合整个南北向公园。步道与跑道两侧放置有原探机厂，煤机厂的工业设备，经过防锈处理，它们的存在更像一条艺术长廊两侧的展品，与绿荫，花卉互为突显又相互融合，当人们锻炼，休闲，漫步时，移步换景，便完成了与这个城市文化的探望与对话。

5.6 城市区域景观

5.6.1 城市区域景观概述

区域景观规划（Regional Landscape Planning）是在一定区域内进行的景观规划。其着眼于在更大的范围内，从普遍联系的自然、社会、经济条件出发，对景观进行整体、系统和连续性的设计和规划。区域景观规划是一个由大到小的考虑过程，关注不同层面上各个景观要素的控制。在区域景观规划设计对象及范围的界定方面，区域规划的划定边界往往以行政边界为主，其范围常常局限在城市或城市群中连续地形地貌的一部分地区，研究的重点也主要偏向于生态研究[①]。

目前国外风景园林学界尚未对"区域景观规划"进行专门分类研究，但各国在城市景观规划发展的过程中已经积累了一定的理论方法与实践经验。国内关于区域景观规划的研究相对较少，也鲜有相关的研究著作出版。目前国内对区域景观规划的研究观点大致分为两类，一类将区域景观规划视为区域规划的一部分，另一类则将区域景观规划看作大尺度的景观规划，以下分别对两种观点进行比较分析（表5-6-1）。

传统区域景观不同于其他小尺度的景观，作为宏观和综合的绿地景观系统，其具有完整的自然边界，同时具有承载复合功能的开放空间体系和丰富的文化内涵。随着现代城市的发展，城市区域景观规划的主要内容也在不断发展和变化。现代城市区域景观规划设计主要是指对城市范围内某一区域的山脉、水系、建筑群落、绿地系统、交通网络等内容进行规划与设计。从微观角度来讲，城市区域景观规划设计的主要任务是对该区域的景观环境进行合理的改造与规划设计，提升城市景观风貌，促进城市发展；从宏观角度来讲，城市区域景观规划设计需充分结合城市发展过程中所面临的经济、生态、文化、社会等各方面的问题，充分结合城市产业发展模式与社会发展需求，在改善城市生态景观环境的同时，带动当地经济发展，同时提升景观的文化属性与社会价值，才能更好地适应城市未来发展需求。

国内对区域景观规划的研究观点比较 表5-6-1

类型	研究对象范围	比较分析
区域规划中的区域景观规划	以行政边界划定的区域范围	视区域景观规划为区域规划之下的景观系统规划或生态规划，易忽略区域景观在美学、功能及文化等方面的作用
大尺度的景观规划	自然边界	将景观规划的概念加以扩展，并由此衍生出的一套大尺度景观规划的理论和方法，范围界定更合理，但依然偏向于生态规划

（来源：杨凯，《区域景观规划研究》）

① 杨凯. 区域景观规划研究 [D]. 重庆：重庆大学，2013.

5.6.2 城市区域景观类型

城市区域景观规划的要点主要分为绿地系统的宏观性、生态网络的完整性、景观功能的复合性、公共空间的开放性和景观内涵的地域性五个方面（表5-6-2）。

从空间尺度上来讲，城市区域景观设计范围一般较大，设计内容也更加广泛。城市区域空间往往是满足人们居住、办公、交通、休闲、娱乐等多种需求的复合型空间，从空间使用功能的角度来看，不同城市区域景观规划设计的类型会与前文居住区景观、道路景观等产生功能上的重叠。根据设计范围和空间形态的不同进行分类，则可忽略城市区域景观的功能属性，将城市区域景观大致划分为"点状景观""线状景观""面状景观"三个类型。

（1）"点状景观"

"点状景观"主要以广场类景观为主，如北京天安门广场（图5-6-1）、深圳天璟广场（图5-6-2）等，该类广场景观在城市景观中起着十分重要的作用，常被称为"城市客厅""城市名片"，是一个城市形象的重要代表之一。城市广场的设计多以满足城市居民生活需求为基础，同时具有一定的主题性与文化性，是十分重要的城市公共活动空间。

（2）"线状景观"

"线状景观"主要指空间形态呈线状或带状的景观（图5-6-3），其中以连接不同城市空间的带状绿地为主，包括城市道路景观、生态廊道、步行街、绿化带景观等。线状景观作为城市景观

城市区域景观规划的要点 表5-6-2

规划要点	主要内容	典型案例
绿地系统的宏观性	区域景观是一个完整的绿地系统，从宏观的角度调整和利用各种景观资源，解决区域内面临的景观问题	波士顿公园体系
生态网络的完整性	通过不同空间尺度层面对生态网络进行规划和控制，实现完整、有效的生态效应和景观效果	新英格兰地区州级层次绿道规划
景观功能的复合性	景观除了满足视觉上和生态上的功能需求外，还应满足人们的休闲、心理等方面的综合功能需求	美国田纳西州纳什维尔绿岛规划
公共空间的开放性	不同形态、大小的公共空间相互连接，形成一个网络化的整体，更好地满足市民的休闲娱乐需求	芝加哥公共空间系统规划
景观内涵的地域性	区域景观作为一个地区历史和文化的载体，起到了串联、展现以及传承地域文化的作用，应突出地域文化的独特性	巴黎历史遗迹绿道

（来源：杨凯，《区域景观规划研究》）

图5-6-1 北京天安门广场
（来源：自摄）

图5-6-2 深圳天璟广场
（来源：网络）

图5-6-4 美国纽约中央公园
（来源：韩波，《营造本土化城市公共空间景观》，P180）

图5-6-3 美国纽约高线公园
（来源：[美]基恩·莫斯可，《城市生活空间的小尺度创评设计》，P96）

系统中的重要纽带，具有串联城市空间、丰富景观环境、提升城市形象等重要作用。

（3）"面状景观"

"面状景观"则主要指城市公园、风景区等大面积的城市景观，如美国纽约中央公园（图5-6-4），一般该类景观覆盖区域更大、功能也更加丰富，在满足城市居民的休闲娱乐需求的同时，兼具文化性与生态性，对城市的生态建设和可持续发展具有更重要的价值与意义。

5.6.3 城市区域景观规划设计案例解析

以下从宏观和微观两个角度分别对城市区域景观规划设计案例进行分析。

（1）宏观城市区域景观规划设计——莫斯科城市绿地系统

城市绿地系统主要指城市建成区域或规划

区域内由各种类型的绿地共同组合而成的系统。城市绿地系统设计的主要任务是在对场地进行充分深入调查研究的基础上，根据城市发展相关规划、政策等政府文件，科学的制定城市绿地相关指标，合理安排设计区域内的绿化空间，从而达到改善城市生态环境与居住环境、促进城市可持续发展的目的。

莫斯科作为俄罗斯联邦的首都，是俄罗斯最大的经济、政治和文化中心，同时也是一座世界著名古城、国际化大都市。莫斯科拥有世界顶级的城市绿化建设，根据2005年莫斯科建筑出版社出版的《城市的绿色大自然》一书中提供的数据显示，莫斯科城市总体绿化面积约34000hm²，其中城市开放式公共绿地面积约14200hm²，专用绿地面积约20000hm²（其中包括儿童及医疗机构、居住区及工业区的绿化等）。莫斯科城市人均公共绿地面积约50m²（其中城市中心区人均绿地面积约1.5~2m²）。莫斯科现有26个大型市级城市公园（其中包括9个专类公园），11个森林公园，58个区级公园（其中包括21个儿童公园），14个花园，超过700个街心公园（图5-6-5）以及100多条城市林荫道。莫斯科近郊环绕着一条总规模达172500hm²的森林公园保护带（其中的106000hm²为天然森林和草地）。莫斯科也因此被人们称为"森林中的首都"。

莫斯科城市现有的以克里姆林宫为中心的环形放射状空间格局是在1812年城市大火重建后逐

图5-6-5 莫斯科高尔基公园
（来源：网络）

渐形成的①。

在莫斯科城市发展的过程中，城市绿地系统规划始终是城市建设的重点。以下按时间顺序对1918～2011年间莫斯科城市绿地发展情况及与相关政策文件主要内容进行简单梳理（表5-6-3）。

森林公园是莫斯科城市绿地系统建设的重点，俄罗斯森林面积位居世界第一，国土范围内50%以上均被森林所覆盖，莫斯科城市中心区及近郊均分布着大片的天然森林，优越的自然条件为莫斯科城市绿地系统建设提供了良好的环境基础。莫斯科的森林公园建设始于1935年，当时在城市周边规划了森林保护带，并规划将森林从不同方向以绿楔的形式伸向城市，与市区公园、花园及林荫道等相连，为城市提供新鲜空气和居民休闲活动场地。

20世纪20、30年代，以莫斯科建筑学院规划团队为代表的苏联学者们编制了一系列城市绿地系统规划的基本模式，如表5-6-4所示。这些在当时具有探索和试验性质的模式所表达的规划理念大体上形成一种共识，即未来莫斯科绿地空间结构，应当是以森林公园为主要形态的绿地空间从城市外围以楔形嵌入到城市中心，其基本功能是在城市中形成若干条由郊区向城市腹地输送新鲜空气的通道，其布局也便于城市中心地区的居民接触大片绿地，进行休息、游乐和健身活动②（图5-6-6）。

通过梳理莫斯科绿地系统的发展历程可以

1918—2011年间莫斯科城市绿地发展情况及与相关政策文件 表5-6-3

时间	发展情况/政策文件	主要内容
1918	《俄罗斯联邦森林法》《自然保护法》	对莫斯科周围30km以内的森林执行严格保护
1935	《莫斯科城市改建建总体规划》	提出了完整的绿地系统规划
1940	莫斯科绿地发展到5 000多hm²	市区出现许多大型公园
1960	森林公园带环绕市区，被称为"绿色项链"	"森林公园带"扩大到10～15km宽，面积从280km²扩大到1750km²
1971	《莫斯科发展总规划》	建立完善的绿地布局、发展更广阔的绿化系统
1975	《首都绿化总方案》（图5-6-6）	改造与新增绿化用地；组成2条绿化轴；发展7块楔形绿地；建立完整的绿地系统
1991	苏联解体	经济、社会、政治等环境发生重大变化，城市建设逐步恢复，并展现出发展活力
1999	《2020年莫斯科城市发展总体规划》	以"方便市民生活"为城市发展目标，为莫斯科居民创造良好的居住环境，标志着莫斯科进入新的转型发展阶段
2011	提出新的城市发展规划	将城市面积扩大2倍；交通格局由"环形放射状"改为"方格状"；将一些联邦机关迁至新区域

（来源：吕富珣，《莫斯科城市规划理念的变迁》）

① 吕富珣. 莫斯科城市规划理念的变迁［J］. 国外城市规划，2000，（4）：13-16.

② 杜安. 从森林保护区到"城市自然综合体"——莫斯科城市郊野空间规划建设研究［J］. 中外建筑，2018，（09）：82-85.

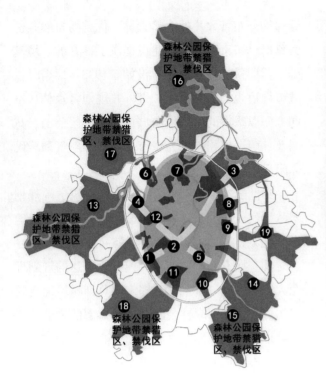

西南—东北绿化轴

❶ "苏共22大"公园
❷ 列宁山—高尔基文化休息公园—艺术公园
❸ 莫斯科军区公园—索柯尔尼克文化休息公园—驼鹿岛国家自然公园

西北—东南绿化轴

❹ 西北休息区
❺ "伟大十月60周年"公园—柯洛缅斯基国家自然保护博物馆—波里索夫水库

规划区的公园

❻ 希姆金水库周围公园群
❼ 苏联国民经济成就展览会—奥斯坦金诺公园—苏联科学院总植物园
❽ 伊兹玛依诺夫休息公园
❾ 库兹明文化休息公园—库兹明森林公园
❿ 察里津诺公园
⓫ 比泽夫公园
⓬ 胜利公园—沿塞都尼河河湾公园群

森林公园保护地带的禁猎区和禁伐区

⓭ 莫斯科河上游综合性自然及历史文化禁伐区
⓮ 莫斯科河下游综合性自然及历史文化禁伐区
⓯ 列宁岗国家历史禁猎区
⓰ 克里亚茨玛综合性自然及历史文化禁伐区
⓱ 莱蒙托夫地区综合性自然和历史文化禁伐区
⓲ 德斯拉历史文化风景保护区
⓳ 别哈尔卡历史文化风景区保护区

图5-6-6 1975年莫斯科市绿化总方案[①]
（来源：徐莹光，《莫斯科的绿化地带》）

1918—2011年间莫斯科城市绿地发展情况及与相关政策文件　　　　表5-6-4

代表人物	主要内容	示意图
巴拉诺夫	提出"近期城市规划结构方案"，主张将城市绿地系统处理成一系列延伸的绿地，然后通过绿廊将其联系成一个统一的系统	a）巴拉诺夫的"近期城市规划结构方案"
克鲁格良科夫	以林荫道联结的区域公园网络为基底，建立整个城市的绿地系统	b）克鲁格良科夫的规划方案

---

① 徐莹光. 莫斯科的绿化地带，苏联 [J]. 世界建筑，1985，（2）：55-57；85.

代表人物	主要内容	示意图
巴尔西、尼古拉耶夫、波良科夫	制定了小城市绿地系统规划的基本模式，其特点是由楔形绿地同城市中心的大片绿地呈十字形交叉，贯穿整个城市	c）巴尔西、尼古拉耶夫、波良科夫制定的小城市绿地系统规划的基本模式
伦茨	提出大城市和中等城市绿地系统规划基本模式	d）伦茨提出的大城市和中等城市绿地系统规划基本模式

（表格中图片来源：《莫斯科的绿化地带，苏联》）

发现，莫斯科的绿地系统是随着城市的发展逐步建立，不断完善的。伴随着城市绿地系统的发展，城市绿地空间面积不断增长，空间布局也逐渐趋于合理，自然生态逐渐与城市的发展相互交融，形成一个统一的自然综合体。同时通过上表我们可以发现，在莫斯科城市发展的过程中，创造良好的居住环境始终是城市建设的重要目标，这正是莫斯科绿地系统发展如此完善的根本原因。莫斯科城市绿地系统景观近百年的规划建设，形成了鲜明的地方特色，同时也发挥了显著的生态效益。但其发展也存在一定的问题，如城市森林树种多样性不高、部分服务设施老旧、景观风貌相对单一等。但莫斯科绿地系统以森林公园为主体的楔形嵌入式空间结构布局，对我国绿地系统的规划设计仍具有一定的参考价值与借鉴意义。

（2）微观城市区域景观设计——美国新泽西雨水社区城市公园

在现代城市区域景观设计中，对小尺度范围内景观的营造与对整个城市大环境的规划同样重要。小尺度区域景观与人们的日常生活距离更近，联系也更密切，因此在对该类景观进行设计时，应对场地现状与设计需求进行充分的分析与探讨，确保能够准确发现场地亟待解决的问题，并通过合理的规划与改善，使该区域的景观空间更加符合人们的生活需求和城市的发展需求。

美国新泽西雨水社区城市公园（图5-6-7、图5-6-8）位于美国新泽西州霍博肯（Hoboken）市，是一个由工程师、设计师、成本估算师等组成的跨学科团队共同设计完成的以雨水滞留弹性系统为核心的嵌入社区的城市公园。

项目场地位于工业区与居民区交界地带，因此将该区域改造成了一个公共活动空间，可以更好地丰富周边居民的休闲娱乐生活。同时周边的社区居民也积极地参与到了项目改造的整个过程中。公园内部由公共活动空间和大量植物以及木栈道组合而成，由花岗岩铺砌而成的小型剧场也可以供小型聚会、表演等使用，同时场地内的草坪也可以满足周边居民的不同休闲娱乐需求。

图5-6-7 砾石层过滤雨水
（来源：网络）

图5-6-8 植物和能够承受恶劣城市条件的沙土的过滤
（来源：网络）

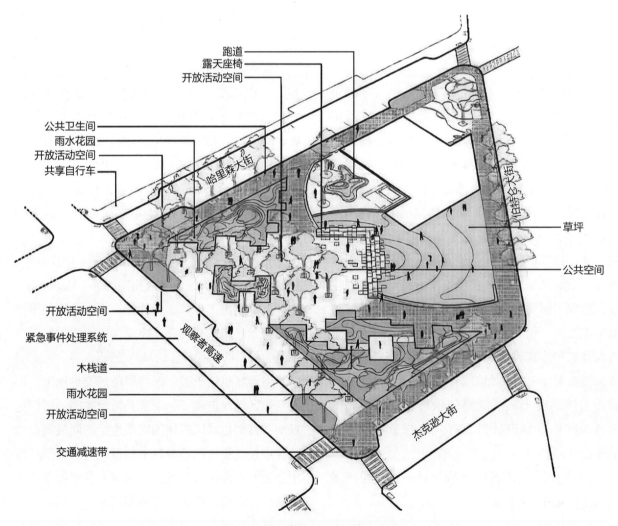

图5-6-9 雨水社区城市公园平面图
（来源：福州大学地域建筑与环境艺术研究所改绘）

在收集雨水方面，公园主要采用了三种不同的方式：首先在硬质铺装区域，通过砾石层和疏水砖过滤雨水，然后通过底层中空的树木细胞将雨水渗透到公园内部；在公园地面未铺砖的区域，雨水通过草地和花园地面的植物和土壤，过滤掉污染物后被引入滞留池；最后，来自邻近街道和人行道的水被引导进入植被覆盖的生态湿地，经由植物和沙土的过滤后流入滞留池，最终通过滞留池收集后释放到城市下水道中。

雨水社区城市公园是当地居民最常使用的公共空间之一，其设计本身并不具有很强的典型性，但该类城市公园位于居民社区周边地带，功能方面主要以满足居民日常休闲娱乐需求为主，同时兼具一定的雨水收集、气候条件等生态功能，在微观城市区域景观规划设计中具有较高的普遍性与代表性。

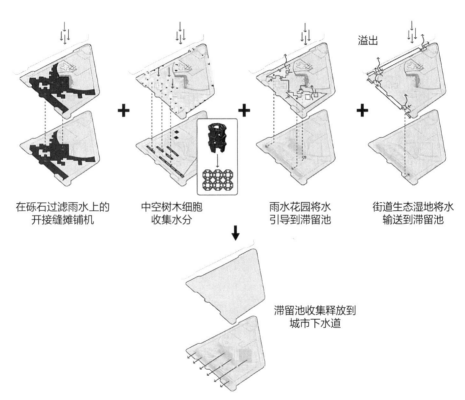

图5-6-10 雨水社区城市公园平面图
（来源：福州大学地域建筑与环境艺术研究所改绘）

本章参考文献：

[1] 徐进. 居住区环境景观设计[M]. 武汉：武汉理工大学出版社，2012.

[2] 郭春华. 居住区绿地规划设计[M]. 北京：化学工业出版社，2015.

[3] 周晓娟，彭锋. 论城市滨水区景观的塑造——兼对上海外滩景观设计的分析[J]. 上海城市规划. 2001，03.

[4] 王超. 地域文化视角下的孟津瀍河景观设计[D]. 西安：西安建筑科技大学，2018.

[5] 曾茂薇. 城市滨水区景观规划设计研究[D]. 北京：中央美术学院，2004.

[6] 臧玥. 城市滨水空间要素整合研究[D]. 上海：同济大学，2008.

[7] 李建伟. 城市滨水空间评价与规划研究[D]. 西安：西北大学，2005.

[8] 辞海委员会. 辞海[M]. 上海：上海辞书出版社，1980.

[9] 刘捷. 城市形态的整合[M]. 南京：东南大学出版社，2004.

[10] 蔡文明，刘雪. 现代景观设计教程[M]. 成都：西南交通大学出版社，2017.

[11] 刘刚田，游娟，魏瑛. 景观设计[M]. 杭州：浙江大学出版社，2012.

[12] 矫克华. 现代景观设计艺术[M]. 成都：西南交通大学出版社，2012.

[13] 徐清，景观设计学(第二版)[M]. 上海：同济大学出版社，2014.

[14] 保继刚. 大型主题公园布局初步研究[J]. 地理研究. 1994（03）.

[15] 杨凯. 区域景观规划研究[D]. 重庆：重庆大学，2013.

[16] 吕富珣. 莫斯科城市规划理念的变迁[J]. 国外城市规划. 2000（4）.

[17] 徐莹光. 莫斯科的绿化地带. 苏联[J]. 世界建筑. 1985（2）.

[18] 杜安. 从森林保护区到"城市自然综合体"——莫斯科城市郊野空间规划建设研究[J]. 中外建筑. 2018（09）.

后 记

自上个世纪80年代的艺术设计（装潢设计、家具设计、室内设计）、环境艺术设计，再到环境设计正式成为艺术学设计学类的学科专业方向，艺术设计教育从初期的开放无序逐步趋向学科专业的系统性、规范性、严谨性的发展过程。今天，在新的历史发展时期，环境设计专业教育面临着新的发展挑战和重大机遇，对环境设计专业人才的综合素质与创新能力的要求也越来越高。

景观规划设计是一门建立在广泛的自然科学和人文艺术科学基础上的应用学科，与建筑学、城乡规划、风景园林、地理学、旅游管理等有着密切的联系，从宏观的大尺度景观到微观的小尺度景观，从风景区到街角的绿地，都涵盖其中。虽然景观规划设计在不同的学者研究背景下有各自不同的观点阐述，但其基本的表达是"在不同尺度下，采用多学科综合的方法，对土地及一切户外空间进行分析、规划、设计、管理、保护和恢复，设计问题的解决方案和解决途径，并监理设计的实现"。国内多家高校的设计学环境设计专业开设景观设计类课程。景观设计本身是一个庞大的学科体系，而在环境设计的专业教学组织中，景观设计只是其中的一门课程，需要在48或者72课时内来讲述并完成这样一门综合性学科内容。因此，基于学科专业发展的背景，从景观规划设计的基础学习入手，以基础性实践设计为案例编写一本关于景观规划设计的书，尤其是面向艺术学设计学类环境设计专业的学生，力求发挥其作为艺术学设计学类环境设计学科方向入门教育的特色，尽力弥补因专业背景不同导致的知识学习差异，这是本书编写的初衷和愿景。

景观规划设计作为环境设计专业的核心课程之一，对于其学科领域来说，涉及到的研究范围是非常广泛的。其主要体现在学科的交叉性、实践性、创新性。

具体的课程内容涉及植物造景、景观生态学、环境心理学、现代空间理论等多个领域，兼具艺术、技术、文化、社会多重属性，需要多元全面的知识结构体系夯实基础。课程实践教学要求符合行业人才需求，强化设计与工程、艺术与技术相结合的培养模式，让学生在实践中经受磨炼和体验，设计成果接受社会的检验与评价。本书的编写从强调以下方面的教学措施介入。

1. 景观规划原理课程内容的引入及整合

景观规划原理课程是以不同尺度的景观环境为研究对象，以处理复杂的人地关系为主要内容的景观设计系列课程的一部分，需要引入场地认知、环境规划、设计美学、工程技术、生态理念等多元广博的跨学科知识内容，教学过程注重培养知识、技能等综合性的技术应用。进一步培养学生的文化自信、树立正确的专业价值观，促进学生在景观设计的科研方向与价值观念的塑造。

2. 景观规划原理课程思维与实践的共生培育

进一步强调方案设计实践的参与度，课内项目分组完成，鼓励学生自主设定课题作业目标方向，成员相互配合协作，实现设计思维-（行业规范）-设计实践的共同提升。通过经典案例的教学讲授，培养学生在方法技术、专业责任、价值观等方面的认同感，培养景观设计师的职业素养与综合能力。

3．"任务驱动"的课程实践模式

"任务驱动"教学模式以真实性问题或情境性问题为载体，让学生自主地通过所学的知识与理论，分析问题，认识并尝试解决问题，实现知识与能力的结合。

（1）开放的教学过程。场地调研中的户外教学环节，结合环境观测、综合调查、景观案例分析、场地测绘等环节进行。

（2）开放的项目教学内容。以"真实任务"为驱动，学生真实地了解以及参与项目，开展理论与实践共生的教学。设计公司、设计团队参与评图，一方面为景观规划设计课程教学提供了真实的项目情境，另一方面拓展校企之间、高校之间的教学科研路径，同时实现了课程倡导的设计思维与设计实践的共生培育。

本书由福州大学厦门工艺美术学院英浩教授担任主编，龙岩学院李思颖老师担任副主编。本书的编辑得到了上海ECO景观规划设计公司的支持，林野总工为本书提供了部分实践案例；福州大学地域建筑与环境艺术设计研究所的李仕超、马雪莹、高玲玉、瞿祎、徐丹妮、刘韵琛、许晓嫣、林慧敏、涂淑清等同学提供了不同文本及进一步的编辑与整理工作。

编者

2022年6月于厦门